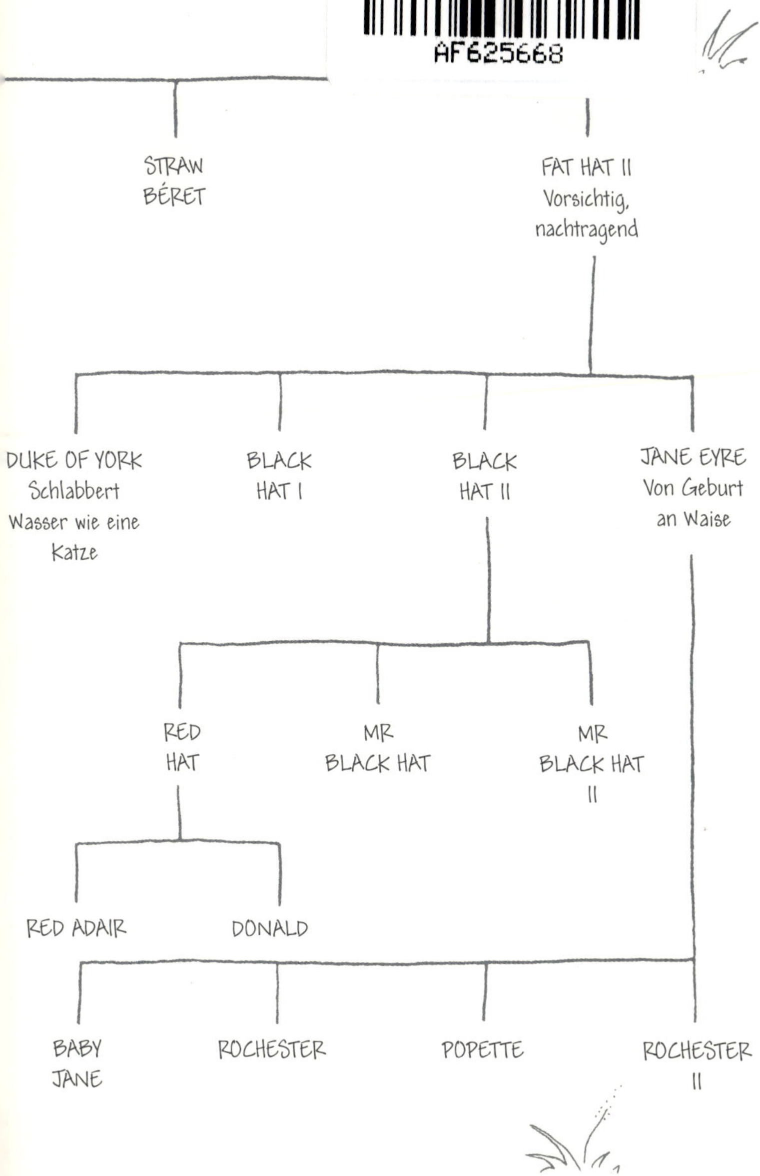
STRAW BÉRET
FAT HAT II
Vorsichtig, nachtragend
DUKE OF YORK
Schlabbert Wasser wie eine Katze
BLACK HAT I
BLACK HAT II
JANE EYRE
Von Geburt an Waise
RED HAT
MR BLACK HAT
MR BLACK HAT II
RED ADAIR
DONALD
BABY JANE
ROCHESTER
POPETTE
ROCHESTER II

Rosamund Young • Das geheime Leben der Kühe

Rosamund Young

Das geheime Leben der Kühe

Aus dem Englischen
von Werner Löcher-Lawrence

btb

Die überarbeitete britische Neuausgabe erschien 2017 unter dem Titel »The Secret Life of Cows« bei Faber & Faber Limited, London.
Erstmals erschienen 2003 bei Farming Books & Videos Ltd.

MIX
Papier | Fördert gute Waldnutzung
FSC® C014889

Penguin Random House Verlagsgruppe FSC® N001967

2. Auflage

Covergestaltung: semper smile, München
nach einem Entwurf von Faber & Faber
Coverillustration: Anna Koska/Meiklejohn
Druck und Einband: Friedrich Pustet, Regensburg
Printed in Germany
ISBN 978-3-442-75792-3

www.btb-verlag.de
www.facebook.com/penguinbuecher

»In einigen meiner ersten Erinnerungen erzählen
meine Eltern, Vater wie Mutter, ›Geschichten‹
mit Kühen, Schweinen, Hühnern und Wildvögeln,
und ich hoffe, hier fortzusetzen, was sie einmal
als mündliche Erzähltradition begonnen haben.«

ROSAMUND YOUNG, *Kite's Nest Farm*

Vorbemerkung der Autorin

Während der Arbeit an diesem Buch war ich mir ständig bewusst, dass derlei Texte eigentlich Kapitel haben. Die meisten meiner Geschichten gehen jedoch ineinander über und formen einen fortdauernden Erzählfluss, was eine Aufteilung in Kapitel überflüssig und hinderlich werden lässt. Stattdessen habe ich Titel zwischen einzelne Abschnitte gesetzt, um den Leser durch den Text zu führen. Diese Ausgabe ist eine Neuauflage meines Buches, was mir die Möglichkeit gegeben hat, einiges zu aktualisieren. R.Y.

Inhalt

»Natur lehrt die Tiere selbst ihre Freunde kennen.«

SHAKESPEARE, *Coriolan, II,1*

»Staunend verfolgen die Leute eine Fernsehsendung über das soziale Miteinander von Elefanten, ihre Familienverbände, ihre Gefühle, die Art, wie sie sich gegenseitig helfen, und ihren Sinn für Humor – ohne zu begreifen, dass unser eigenes heimisches Vieh ganz ähnlich lebt, wenn man ihm die Möglichkeit dazu gibt.«

JOANNE BOWER, *The Farm and Food Society*

Vorwort

Als ich zum ersten Mal auf *Das geheime Leben der Kühe* stieß, dachte ich, der Titel sei ein Witz. Aber das stimmt nicht, der Text handelt tatsächlich genau davon. Es ist ein wunderbares Buch, obwohl es auch tief deprimierend sein könnte, zeigt es doch, dass Kühe (und Schafe und sogar Hühner) ein weit größeres Bewusstsein und Wissen haben, als man ihnen zugesteht – was unsere Sicht der Welt komplett revidiert.

Wäre das Buch einfach nur von einem Tierliebhaber geschrieben worden, könnte man es als das Werk eines Spinners abtun, aber Rosamund Young betrieb ihre Bio-Farm schon, bevor überhaupt jemand von so etwas redete. In Kite's Nest in Worcestershire erkennen die Arbeiter allein am Geschmack, von welcher Kuh die Milch ist. Young macht die Ablehnung industrieller Landwirtschaft einfacher und zwingender als alles, was ich dazu bisher gelesen habe, und das allein mit Erwägungen des gesunden Menschenverstands.

Seltsam an dem Buch ist jedoch, dass die Autorin,

die das Verhalten ihrer Kühe, ihr unterschiedliches Temperament und Aussehen so detailreich beschreibt, nie von irgendwelchen Eigenheiten spricht, was das Verhältnis ihrer Heldinnen zu den Bullen betrifft, und ob auch da ihre Individualität, die ihr sonst so wichtig ist, klar zutage tritt. Sind einige scheuer als andere? Koketter? Vielleicht ist ihre Zurückhaltung in dem Punkt ja Ausdruck der Achtung vor ihren Schützlingen und des Gefühls, dass sie genauso ein Anrecht auf ihre Privatsphäre haben wie ihre Halter.

Dennoch ist es ein Buch, das den Blick des Lesers auf die Welt verändert, eine Welt voller Tiere, die mitunter nicht so dumm sind, wie wir es uns gerne vorstellen. Das Buch hat auch meine Sichtweise verändert, und wenn ich heute an einer Weide mit Kühen vorbeikomme, frage ich mich, welche wohl miteinander befreundet sind und was für Einstellungen sie haben mögen. Das sind Gedanken, die ich vor der Lektüre von Youngs Buch für überspannt, ja albern gehalten hätte. Heute nicht mehr.

Alan Bennett

Einleitung

Kühe und Kälber beim Spielen zu beobachten, wie sie einander das Fell lecken und sich gegenseitig helfen, gewinnt eine völlig neue Dimension, wenn man weiß, dass die Beteiligten Geschwister sind, Cousins und Cousinen, Freunde und Freundinnen – oder auch eingeschworene Feinde. Wer Tiere als Individuen kennt, wird feststellen, wie oft ältere Brüder jüngeren gegenüber gutherzig sind, wie Schwestern sich suchen oder aus dem Weg gehen und welche Familien abends zum Schlafen zusammenkommen und welche nicht.

Kühe sind so unterschiedlich wie Menschen. Sie können höchst intelligent sein oder auch schwer von Begriff. Freundlich, umsichtig, aggressiv, gelehrig, erfindungsreich, langweilig, stolz oder schüchtern. Ist eine Herde groß genug, finden sich all diese Eigenschaften, und wir halten seit langen Jahren unverbrüchlich daran fest, unsere Tiere als Individuen zu behandeln.

Meine Mutter und mein Vater wurden 1953 selbstständige Landwirte. Damals war mein Bruder Richard fast drei und ich zwölf Jahre alt. Meine Eltern fingen mit fünf Kühen und einem alten Traktor an, ohne Strom und ohne Telefon.

Nach und nach bauten sie eine Herde reinrassiger Ayrshires auf und hielten Wessex-Saddleback-Schweine. Es gab unzählige Kaninchen auf dem Land, was jeden Ackerbau unmöglich machte.

Finanzielle Hilfen gab in jenen Tagen nur für eine Intensivierung der Landwirtschaft. Die Regierung übte starken Druck auf die Bauern aus, sich sämtlicher moderner Hilfsmittel zu bedienen. Vom Gefühl her wollten meine Eltern Bio-Bauern sein, auch wenn es den Begriff noch gar nicht gab. Ihre Ablehnung der offiziellen Linie wurde immer deutlicher. Von Beginn an waren beide absolut entschlossen, ihren Tieren ein würdevolles, angenehmes Leben zu gewähren.

In einigen meiner ersten Erinnerungen erzählen meine Eltern, Vater wie Mutter, »Geschichten« mit Kühen, Schweinen, Hühnern und Wildvögeln, und ich hoffe, hier fortzusetzen, was sie einmal als mündliche Erzähltradition begonnen haben.

Kühe sind individuelle Charaktere, genau wie Schafe, Schweine, Hühner und, wie ich zu behaupten wage, alle anderen Kreaturen auf diesem Planeten, ganz gleich, wie wenig beachtet, unerforscht oder unbesungen sie auch sein mögen. Sicher würde kaum jemand in Frage stellen, dass dies auch für Katzen, Hunde und Pferde gilt. Wann immer es so war und ist, dass wir eines unserer Tiere wie ein Haustier behandeln, vielleicht weil es krank ist, verletzt wurde oder einen Verlust erlitten hat, beweist es große Intelligenz und eine enorme Fähigkeit, Gefühle zu zeigen und sich an ungewöhnliche Umstände anzupassen. Vielleicht läuft es am Ende allein auf die Zeit hinaus, die man mit einem, gleich welchem, Tier verbringt. Und vielleicht trifft das auch auf die Menschen zu.

Jeder, der selbst ein oder mehrere Tiere hat, sieht sie fraglos als Individuen und wird mit großem Verständnis auch über kleinere Unterschiede und Eigenheiten ihres Wesens sprechen. Nutztiere werden für gewöhnlich in größeren Gruppen gehalten, was jedoch nicht bedeutet, dass sie keine Individuen wären. Sie unterscheiden sich genauso, und auch ihre Intelligenz variiert.

Kein Lehrer würde von den Schülern einer Klasse je erwarten oder sich wünschen, dass sie völlig identisch sind. Niemand würde eine Gesellschaft wollen, in der sich alle gleich kleiden und die gleichen Hobbys haben. Bloß, weil wir nicht klug genug sind oder nicht genau genug hinsehen, um die Unterschiede zwischen einzelnen Ameisen, Schmetterlingen, Goldammern oder Kühen zu erkennen, gibt es keinen Grund anzunehmen, dass sie nicht existieren.

Tiere wie Menschen können den Eindruck von Identitätslosigkeit erwecken (gleichsam reif für die Anstalt), wenn sie gezwungen sind, unter unnatürlichen Bedingungen zu leben: zusammengepfercht, ereignislos, reglementiert. Tun sie das und wirken sie so, ist das noch längst kein Beweis dafür, dass sie keine Individualität besitzen oder nicht als Individuum behandelt werden wollen.

Viele Leute beurteilen die unterschiedliche Intelligenz der verschiedenen Arten nach unseren, nach menschlichen Kriterien. Doch welche Relevanz haben sie für andere Arten? Wir müssen annehmen, dass jedes Tier uneingeschränkt zu einem Spektrum von Emotionen fähig ist, die sich nur nach ihren eigenen Kriterien beurteilen lassen. Wenn die Intelligenz einer Kuh ausreicht, sie als Kuh zu einem Erfolg zu machen, was mehr kann man sich wünschen?

Wenn ein junges Kalb versucht, Heu zu fressen, dabei wieder und wieder von größeren, stärkeren Artgenossen weggedrängt wird und sich schließlich unter das Kinn seiner Mutter drückt, damit es in Ruhe gelassen wird, scheint mir das ein nützliches Beispiel angewandter Intelligenz. Was wäre erreicht, wenn demselben Kalb beigebracht wird, eine Tür zu öffnen, indem es mit der Nase auf einen Knopf drückt? Nichts.

Mein Leben mit Kühen hat mich erstaunliche Beispiele logischer, praktischer Intelligenz und in einigen Fällen reiner Dummheit beobachten lassen, nicht anders als bei uns Menschen. Kühe kümmern sich um ihr alltägliches Überleben und lösen Probleme, wenn sie mit ihnen konfrontiert sind. Mitunter schaffen sie es auch nicht. Der Punkt ist, dass wir ihnen die Möglichkeit geben sollten, als Tier Erfolg zu haben, nicht als unzulänglicher Diener des Menschen.

Die These, die ich einmal in der Zeitschrift *Star and Furrow* gelesen habe, dass sich die Größe eines Kuhgehirns um etwa dreißig Prozent reduziert, wenn man den Tieren über einige Generationen die Möglichkeit nimmt, sich frei zu bewegen, fügt sich auf interessante Weise in unsere eigenen Beobachtungen ein. In den 1970er Jahren stellten meine Eltern fest, dass die Stirnpartien ihrer Kühe breiter wurden, dass sie intelligenter wirkten und sich tatsächlich auch so verhielten. Etwa zehn, fünfzehn Jahr später, und rein zufällig, besuchte uns ein Wissenschaftler, der für einen der größten Zoos des Landes arbeitete. Er beschäftigte sich ausnahmslos – und hatte es vor dem ersten offiziell anerkannten BSE-Fall bereits zwanzig Jahre lang getan – mit der Untersuchung und insbesondere der Vermessung von Schädeln toter Tiere. Während dieser Zeit hatte er ein unablässiges Schrumpfen der Hirngrößen dokumentiert und war zu dem Schluss gekommen, dass diese Entwicklung einzig und allein auf das grauenhafte und wahrscheinlich BSE-infizierte Futter zurückzuführen war, das den Tieren vorgesetzt wurde. Ich halte es für wahrscheinlich, dass der Einkerkerung der Tiere ebenso viel, wenn nicht mehr, Schuld daran zu geben ist.

Auch die Fleischqualität wird vom Futter und der den Tieren gewährten Freiheit beeinflusst. Das Fleisch von Tieren, die sich auf natürliche Weise ernähren, hat einen höheren Anteil mehrfach ungesättigter Fettsäuren und enthält weniger Fett im Verhältnis zum Eiweiß als das Fleisch in Massentierhaltung gezüchteter Tiere.

Niemand würde von einem Kind erwarten, dass es sich normal entwickelt, wenn es unter beengten, unfreundlichen Bedingungen aufwächst, ohne Eltern und Geschwister, mit stark eingeschränkten Bewegungsmöglichkeiten und täglich gleichem Essen. Viele Bauern ebenso wie die Ministerien und Behörden, die sie informieren, scheinen jedoch genau das zu tun.

Seit vielen Jahren beobachten wir, dass Kühe, wenn sie die Möglichkeit und die Zeit haben, sich zwischen verschiedenen Alternativen zu entscheiden – zum Beispiel draußen zu bleiben oder nach drinnen zu kommen, auf Gras, Stroh oder Beton zu stehen, dieses oder jenes zu fressen –, genau das wählen, was am besten für sie ist. Aber längst nicht alle wählen das Gleiche.

Ein Huhn liebt es, herumzulaufen und alles zu erkunden, was sich bewegt, in der Sonne die Flügel auszubreiten, sich das Gefieder zu putzen und im Sand zu baden. Es darf nicht in einen kleinen Käfig oder übervolle Ställe gesperrt werden. Die Feststellung, dass »frei laufende« Hühner nicht von sich aus nach draußen gehen, auch wenn die Stalltüren offen gelassen werden, sagt wenig aus. Denn dabei ist von Hühnern die Rede, die um ihres schnellen Wachstums willen so unnatürlich gefüttert werden, dass ihr Knochengerüst ihr Körpergewicht nicht zu tragen vermag. Wenn sie nicht den Stall verlassen, liegt das daran, dass sie durch die Art ihrer Aufzucht und Haltung körperlich gar nicht in der Lage sind, sich normal zu verhalten.

Die fortwährende Misshandlung von Nutztieren ist das Ergebnis gezielter Propaganda und des gedankenlosen Weiterführens von Gewohnheiten und Traditionen und lässt sich in keiner Weise rechtfertigen. Das routinemäßige Kupieren von Schwänzen und Abschleifen oder Abkneifen von Zähnen bei Ferkeln, das Schnabelkürzen bei Geflügel und Schwanzkupieren bei Schafen ist nicht zu verteidigen.

Wenn sich Schweine und Hühner gegenseitig beißen, tun sie das, weil sie unglücklich sind, und wenn Lämmer schmutzige Schwänze haben, werden sie nicht richtig gefüttert. Ich habe das Elend von Maden befallener

Schafe selbst miterlebt, die Lösung kann jedoch nicht darin liegen, ihnen den Schwanz abzuschneiden.

Tiere glücklich zu machen und ihnen zu erlauben, ihre natürlichen Verhaltensinstinkte auszuleben, ist nicht nur moralisch und ethisch geboten, sondern auch wirtschaftlich sinnvoll. Glückliche Tiere wachsen schneller.

Vergleichen wir sie mit Kindern. Unter Stress stehende Kinder essen und schlafen weniger als glückliche und entspannte. Unglückliche Kinder entwickeln tatsächliche und eingebildete Beschwerden und Probleme wie Kopfschmerzen, Ausschläge sowie Unter- oder Übergewicht. Jedweder Stress kann reduziert oder beseitigt werden, indem man die bestehenden Lebensbedingungen verändert. Ein Wechsel des Umfelds, der Ernährung, mehr Verständnis und Liebe, das alles spielt eine Rolle, und bei Tieren ist es nicht anders.

Es ist schlicht arrogant, anzunehmen, ein menschengemachtes Umfeld könnte ebenso gut oder gar besser als ein natürliches sein. Ferkel werden oft viel zu früh abgestillt und vermeintlich warm und sicher untergebracht. Aber keine künstlich hergestellte Situation kann die Sicherheit, die Stabilität, Zuwendung, Kameradschaft und angemessene Ernährung ersetzen, die von der Natur bereitgehalten wird. So werden die Tiere schnell krank und bekommen ihre erste Dosis Antibiotika.

Die Leistung von Landwirtschaft und Tierhaltung

wird zunehmend an der Höhe des Ertrages gemessen, und es gilt als Erfolg, wenn ein weibliches Tier in kurzer Zeit viele Nachkommen produziert. Was jedoch nicht berücksichtigt wird, ist der Umstand, dass die fast ständig schwangere Mutter vermutlich weniger lange lebt und aufgrund der unnatürlichen, erzwungenen Abstillpraxis keine Möglichkeit hat, ihrem Nachwuchs ihr angesammeltes Wissen zu übermitteln. Das führt dazu, dass zukünftige Generationen weniger kenntnisreich und befähigt sind, mit Entwicklung und Mutterschaft umzugehen. Eine solche Praxis ist kurzsichtig.

Einstein hat einmal gesagt, alles, was zählt, sei die Intuition. Instinkt und Intuition sind die nützlichsten Dinge, die ein lebendes Wesen, ganz gleich welches, besitzt. Aber beides wird bei praktisch allen Formen der Massentierhaltung rücksichtslos unterdrückt, die Weiterentwicklung blockiert. Bei Tieren wie bei Kindern birgt die Behinderung einer freien Entwicklung der Instinkte ein großes Risiko für die gesamte Gemeinschaft.

Wann immer das Streben nach Profit zu einer »Intensivierung« der Zuchtpraktiken führt, leiden vor allem die Tiere. Erkrankungen eines Viehbestandes entstehen oft oder werden verschlimmert durch überfüllte, unangemessene Ställe und schlechtes oder sogar gefährliches Futter. Die Lebensbedingungen in diesen Systemen erzeugen Stress, und es ist allgemein anerkannt, dass die

Produktion von Stresshormonen die Leistungsfähigkeit des Immunsystems herabsetzt.

Wo Vieh über einen angemessenen Lebensraum verfügt, nicht um sein Futter kämpfen muss, sich frei bewegen kann und, was besonders wichtig ist, in Familienverbänden mit einem Übergewicht an erwachsenen Tieren lebt, wird das Immunsystem gestärkt, was den Einsatz von Medikamenten weitgehend überflüssig macht (die sowohl den natürlichen Abwehrkräften einer Herde schaden als auch dem Produkt, das wir essen).

Auf Höfen, auf denen die Tiere nach Alter und Größe aufgeteilt werden, nimmt man ihnen nicht nur die gesundheitlichen Vorzüge einer familienorientierten Haltung, sondern den Jüngeren auch die Gesellschaft der Älteren, von denen sie in einem natürlichen Umfeld lernen würden. Viele Kühe leben völlig unnatürliche Leben, und die Milchkuh ist ein ganz besonders missbrauchtes Tier. Oft wird sie als reiner Milchproduzent betrachtet und entsprechend gefüttert. Es geht darum, ihre Leistung zu steigern, und die daran orientierte, sehr eiweißreiche Ernährung nimmt keinerlei Rücksicht auf die Kuh selbst, auf körperliche Bedürfnisse und Fragen der Ausgewogenheit, auf ihr Wohlbefinden und ihre längerfristige Gesundheit.

Direkt nach der Geburt werden die Kälber ihren Müttern weggenommen und auf die eine oder andere unnatürliche Weise großgezogen oder einfach erschossen. Statt mit der Kuhmilch, die doch ihr Geburtsrecht wäre, werden sie mit einem Milchersatz gefüttert und in unangemessen kleinen Einzelpferchen oder Ställen gehalten, ohne jeden Kontakt zu ihren Artgenossen. Die Pferche sind nicht selten überdacht, und das Kalb bekommt weder frische Luft noch Sonne, geschweige denn Bewegung. Wann es etwas zu fressen gibt und was, ist fest vorgegeben, und so können die Kälber nicht fressen und trinken, wenn sie das Bedürfnis danach haben.

Ein großer Teil der Milchkühe lahmt, da sie die meiste Zeit ihres Lebens auf ungeeigneten, unangenehmen Böden stehend verbringen. Haben Kühe Schmerzen, fressen sie weniger, wenn überhaupt, und werden oft unfruchtbar, woraufhin man sie aus der Herde entfernt.

Viele Kühe werden durchgehend im Stall gehalten, oft immer noch in sehr großer Zahl in der sogenannten Anbindhaltung. Diese Kühe sehen keine Wiese oder verlassen auch nur ein einziges Mal den Stall. Die Qualität der so produzierten Milch ist fragwürdig, die Lebensqualität im besten Fall als unnatürlich, im schlimmsten Fall als unerträglich zu bezeichnen.

Auf unserer Farm, Kite's Nest, bleiben die Kälber so lange bei ihren Müttern, wie sie wollen. Sie trinken wenigstens neun Monate ihre Milch und stillen sich selbst ab, wenn die Milch versiegt, was etwa ein bis drei Monate vor dem nächsten Kalben der Fall ist. Meist wissen die Kälber, wo sie nach ihrer Milch suchen und wie sie an den Zitzen saugen sollen, nur manchmal brauchen sie ganz am Anfang unsere Hilfe. Wenn die Geburt problemlos und relativ schmerzfrei verlaufen ist, trinken die Kälber in einer »normalen« Position. War sie schwierig und schmerzhaft, scheint die Kuh das Neugeborene manchmal dafür verantwortlich zu machen, und es darf nur von hinten trinken, außerhalb ihres Blickfeldes.

Kälber spielen zusammen, machen einander nach und lernen ständig dazu. Sie lernen, wo es das beste und süßeste Wasser gibt, wie man frische Triebe von Hecken knabbert und wem sie trauen können. Da sind sie wie Katzen, Hunde und Menschen, und ich nehme an, auch alle anderen Kreaturen. Ein Kalb lässt sich nur unter der Nase eines älteren Tieres nieder, wenn es weiß, dass es von ihm nicht malträtiert werden wird. Einige Rinder sind ziemlich herrschsüchtig, auch ohne einen konkreten Grund. Diese Tiere scheinen eine Atmosphäre von Dominanz um sich verbreiten zu müssen, und wenn auch nur durch einen grundlosen Stoß, während andere immer gutmütig sind. In einer Herde Kühe geht es am Ende um den einzelnen Charakter: So kann eine Kuh mit gestutzten Hörnern eine gehörnte Artgenossin mit einem bloßen Blick vertreiben.

Kühe und Kälber verbringen ihr tägliches Leben auf so viele verschiedene Arten, wie es auch menschliche Mütter und Kinder tun. Manche entwickeln ein so inniges Verhältnis, dass die Kleinen über Wochen keinen eigenen Schritt ohne ihre Mutter tun. Allerdings freunden sich viele der Neuankömmlinge bereits im Alter von zwei Tagen mit anderen kleinen Kälbern an. Im Allgemeinen ergänzen diese Verbindungen die Vertrautheit mit den Eltern, es gibt jedoch auch Fälle, in denen sie die elterliche Nähe ersetzen, wie es bei den weiter hinten beschriebenen »White Boys« der Fall war, die ihre Muttertiere nur anerkannten, wenn sie Milch oder das Fell von ihnen geputzt bekommen wollten.

Alle Kühe und Kälber in diesen Geschichten genießen viel Freiheit und hatten immer die Wahl, ob sie draußen oder drinnen sein wollten. Und sie haben ständigen Zugang zu Futter und Wasser.

Jede unnötige Einschränkung und unnatürliche Behandlung von Tieren ist unvertretbar. Nutztiere mit ausreichend Freiheit suchen sich heilende Pflanzen und führen ein stressfreies Leben, was jede regelmäßige Verabreichung von Medikamenten überflüssig macht. Unsere Tiere suchen sich die Pflanzen aus, die sie brauchen. Die Rinder gehen regelmäßig Brombeeren sowie junge Weißdornblätter und -triebe fressen, auch Eschen- und Weidenblätter. Einige suchen nach wildem Thymian und Sauerampfer, während andere, je nach Jahreszeit und dem jeweiligen Stadium ihrer Tragezeit, große Mengen Brennnesseln verspeisen. Schafe fressen geradezu heißhungrig Disteln und Ampfer. In seinem *Schäferkalender* schrieb der Dichter und Naturbeobachter John Clare: »Der Esel … wird sich eifrig bücken. Um die sprießenden Disteln zu fressen.« Ampfer ist ein Tiefwurzler, und seine Blätter enthalten wichtige Mineralien und andere Spurenelemente, die in flach wurzelnden Pflanzen nicht in einem solchen Maß vorkommen.

Wir haben beschlossen, dass die Tiere selbst die bei Weitem qualifiziertesten Individuen sind, um Entscheidungen bezüglich ihres Wohlergehens zu treffen. Es sind diese Entscheidungen und viele andere alltägliche ebenso wie außergewöhnliche Vorkommnisse, die ich beobachtet und aus denen ich gelernt habe. Auf diesen Seiten sind sie nachzulesen.

Bauern haben ihren Tieren gegenüber eine klare moralische Verpflichtung, wobei es interessant ist, dass das Fleisch von frei aufgezogenen Tieren tatsächlich besser schmeckt und von vielen Ärzten und anderen Leuten für gesünder gehalten wird.

Als James Boswell sein *Life of Dr. Johnson* schrieb, fragte er, »ob ein Geist wie seiner nicht stärker dadurch bereichert wurde, durch die Weiten der Literatur zu streifen, als wäre er auf einen Punkt beschränkt geblieben«, und fügte die folgende Analogie an: »Das Fleisch von Tieren, die sich in Freiheit nähren, darf einen strengeren Geschmack haben als das von eingepferchten.«

In Thackerays *Vanity Fair* sagt Lord Steyne, nachdem er kürzlich mit dem König einen Hammelbraten verspeist hat: »Sehr ist ein Mahl von Kräutern besser als ein gemästeter Ochse.«

In neuerer Zeit hat Dr. Peter Mansfield die Bedeutung von Fett in unserer Ernährung und dessen mögliche Rolle beim Anstieg von Herzkrankheiten untersucht. In *Chemical Children* sagt er: »Plausibler ist die Annahme, dass eher die Art als die Menge Fett falsch ist... Wir haben bereits sehr viel durch die Gewohnheiten unserer Vorfahren gelernt, von denen viele Fleischesser waren und gut gediehen sind. Aber ihre Tiere waren gesund und hatten zu allen Jahreszeiten ein weites Spektrum an Futter. Sie fraßen nicht nur junges, grünes Gras, sondern Monate später auch Samen tragendes. Und sie reckten sich nach den Blättern und Trieben von Bäumen, so hoch der Kopf reichte. Das tun sie immer noch, wenn sie die Möglichkeit dazu bekommen. Aber Bäume wachsen langsam, und... Weiden sind heute gewöhnlich umzäunte Grasflächen. Kein Gras bekommt mehr die Möglichkeit, Samen auszubilden... So haben unsere Nutztiere heute eine weit schmalere Diät als ihre Vorfahren... ganze Samenkörner und dunkelgrüne Blätter fehlen ganz offensichtlich, und in vergangenen Zeiten waren das die Hauptquellen für zwei besondere Fettsäuren, die sie aus nichts anderem bilden können: Linol- und Linolensäure … ohne sie wachsen Tiere nicht … Die Fettzusammensetzung moderner Ernährung ist eindeutig ziemlich wichtig und mag sich als maßgeblich für eine ganze Reihe Krankheiten erweisen, die uns im Moment noch vor ein Rätsel stellen, von Allergien bis zur Multiplen Sklerose … Tiere, die nicht gesund aufgezogen werden, erweisen sich mitunter als nicht gesund genug … Wir wären weit weniger direkten oder potenziellen Gefahren ausgesetzt, wenn das Fleisch langsam heranwüchse, nach Gesundheitskriterien und nicht um der bloßen Menge willen.«

Der Unterschied zwischen intensiver und artgerechter Aufzucht und Pflege von Hühnern ist enorm und wird mit jedem Tag größer. Zum Beispiel erreicht ein Hähnchen, das einmal einen Sonntagsbraten abgeben soll, in artgerechter Haltung nach etwa achtzig Tagen sein Zielgewicht, in intensiver bereits nach zweiundvierzig Tagen. Die intensiv herangezogenen Vögel bekommen mit ihrem Futter Antibiotika, damit sie unter den unnatürlichen Bedingungen, unter denen sie gehalten werden, überhaupt überleben können. Frische Luft und Tageslicht bleiben ihnen vorenthalten, und sie werden so eng zusammengepfercht, dass eine normale Bewegung praktisch unmöglich ist. Die ständig verabreichten wachstumsanregenden Antibiotika führen dazu, dass ihr Knochengerüst ihrem Gewicht nicht mehr gewachsen ist. So kommt es immer wieder zu Knochenbrüchen, und da die Hühner zu schwer und zu deformiert sind, um sich auf eine Stange zu setzen, verbringen sie ihr Leben im ammoniaktriefenden Mist, der ihnen die Füße verbrennt.

Geflügel sollte erlaubt sein, seinen Verhaltensinstinkten zu folgen, in natürlicher Zeit heranzuwachsen, sicheres Futter zu bekommen und ein würdiges Leben zu führen. Für die Eierproduktion in intensiven Systemen vorgesehene Hühner werden im Brutkasten ausgebrütet, in beheizten Gehegen großgezogen und, wenn sie so weit sind, in Drahtkäfige verfrachtet. Dort verbringen sie dann den Rest ihrer Tage, mit gestutzten Schnäbeln, damit sie nicht aus Langeweile ihre Zellengenossinnen verletzen, und ohne irgendeinem ihrer Instinkte folgen oder ihre natürlichen Verhaltensweisen ausleben zu können.

In einer natürlichen Situation legt eine Henne ein paar Eier und sitzt auf ihnen, bis die Küken geschlüpft sind. Dann lehrt sie ihren Nachwuchs, was er fressen soll und wo er sein Futter finden kann. Sie bewacht die Küken, ist eine Freundin, die sie beschützt, ständig bei ihnen ist und nach Gefahren Ausschau hält. Macht sie eine Bedrohung aus, ruft sie die Kleinen zusammen und versteckt sie so schnell wie nur möglich.

Sind Hühner gesund und glücklich, glänzt ihr Gefieder, ihre Augen leuchten und sind wachsam. Den ganzen Tag über sind sie äußerst geschäftig: picken, schürfen, hacken, ziehen, rennen, beäugen, graben, spielen und singen zufrieden. Wenn sie nicht finden können, was sie brauchen, und es sind Menschen in der Nähe, die sie kennen und denen sie trauen, kommen sie nahe heran und singen noch lauter, bis sie beachtet werden. Dann ist es an den Menschen, zu ergründen, was sie wollen, was in aller Regel nicht sehr schwierig ist.

Sind Hühner unglücklich und nicht gesund, ist ihr Gefieder stumpf, sie singen nicht und mausern sich zu oft. Sie machen einen Buckel und können überängstlich oder überaggressiv werden. Gesund werden und bleiben sie, wenn man ihnen gibt, was sie brauchen, nimmt man es ihnen, geht es ihnen schlecht. Es scheint, dass sich Hühner, wie auch Schweine, wenn man sie auf zu engem Raum einsperrt und sie keine Wahl haben, was sie fressen wollen, der Situation ergeben. Sie schlucken, was man ihnen vorsetzt, und halten durch, ganz gleich, wie gelangweilt und frustriert sie sind. Würde eine Kuh in einen vergleichsweise engen Raum gesperrt, weiß ich nicht, ob und wie sie damit zurechtkäme. Mir graut davor, es mir vorzustellen.

Es wird in aller Regel nicht in Frage gestellt, dass in kleiner Zahl gehaltene und individuell behandelte Tiere wie Katzen, Hunde und Pferde gelangweilt und unglücklich erscheinen können, dass sie sich nach etwas verzehren, dass sie trauern und Anzeichen von Unwohlsein zeigen können. Hühner dagegen werden für gewöhnlich in so großen Mengen gehalten, dass es unmöglich ist, einzelne Individuen zu beobachten. So können sie die Aufmerksamkeit ihrer Halter nicht auf sich ziehen, was zum Eindruck führt, dass sie keine nennenswerten Gefühle haben.

Vielleicht ist es leichter anzunehmen, dass Tiere nichts fühlen und empfinden. Dann können sie als Profitgeneratoren genutzt werden, ohne dass man sich um ihre Bedürfnisse zu kümmern braucht, deren Befriedigung angeblich ihren Preis nicht wert ist. Aber glückliche Tiere wachsen schneller, bleiben gesünder, machen weniger Probleme und bringen langfristig auch mehr Profit, werden Faktoren wie die menschliche Gesundheit und die Umwelt mit in Betracht gezogen. Der Schriftsteller und Naturforscher W. H. Hudson sagte: »Bedenken Sie … dass … Tiere nur unglücklich sind, wenn sie der Mensch unglücklich macht.«

Die Bedürfnisse von Kühen gleichen in vieler Hinsicht denen von uns Menschen: kein Stress, eine angemessene Unterkunft, sauberes Essen und Wasser, die

Freiheit, sich zu bewegen, herumzuwandern, spazieren zu gehen oder auch nur einfach dazustehen und zu gucken. Jedes Tier braucht die Gesellschaft der eigenen Art, und einer Kuh sollte erlaubt sein, ihre »Rechte« auf ihre Art zu genießen, nach ihrem Zeitempfinden und nicht nach dem Stundenplan eines Menschen.

Ein Kalb kann man auf ebenso unterschiedliche Arten behandeln wie ein Kind. Die meisten Menschen glauben, Kinder brauchen ein stabiles Umfeld, gute Kleidung und Schuhe, gesundes Essen und Trinken, interessante Beschäftigungen, Freunde in ihrem Alter und Erwachsene, die sie anleiten und vor allem lieben. Es ist nicht zu erwarten, dass aus einem vernachlässigten, schlecht genährten, einsamen, verängstigten Kind ein ausgeglichener Erwachsener wird. Gleiches gilt auch für die Tiere. Die Qualität der Ernährung und das gesamte Umfeld einer jeden heranwachsenden Kreatur tragen zur Entwicklung ihres Potenzials später im Leben bei.

Schweine werden oft als intelligent beschrieben, und sie sind es tatsächlich. Es ist ein ungeheures Verbrechen, sie einzusperren und es ihnen zu verweigern, Nester zu bauen und in der Erde zu wühlen. Intensive Tierhaltung macht aus gutmütigen, glücklichen Wesen zornige, gefährliche, verstörte Individuen. Ihre Intelligenz verlieren sie nicht.

Schafe dagegen werden oft als dumm und einfältig

beschrieben, was sie ganz sicher nicht sind, wie George Henderson in *The Farming Ladder* scharfsinnig beobachtet: »Im Gegensatz zur herrschenden Meinung ist das Schaf das bei Weitem intelligenteste aller Nutztiere.« Mir wurde einmal ein verwaistes Lamm geschenkt, das ich Ellen nannte. Ellen war erst ein paar Stunden alt und hatte etwas Vormilch von ihrer Mutter bekommen, die dann aber nicht genug hatte, um ihre beiden Lämmer ausreichend zu versorgen. Der Bauer, der sie mir brachte, hatte eine besonders tiefe, raue Stimme. Sechs Wochen später kam er noch einmal, und Ellen erkannte die Stimme sofort und lief zu ihm hin. Etliche Jahre später schlug ich mir das Knie an und sprang vor Schmerz jaulend im Kreis, worauf Ellen sich von ihrem Futter abwandte und mit offensichtlichem Mitleid zu mir kam. Erst, als ich sie überzeugt hatte, dass mir nichts mehr wehtat (was nicht ganz der Wahrheit entsprach), ging sie zurück zu ihrem Futter.

Es sind verschiedene Faktoren, die das Halten von sehr großen Herden vom wirtschaftlichen Gesichtspunkt aus erstrebenswert machen. Doch wenn Hunderte Schafe zusammen sind, ist es so gut wie unmöglich, individuelle Eigenschaften an ihnen zu erkennen. Aber wer das Glück hat, nur eine kleine Herde zu besitzen, sieht, wie Persönlichkeiten entstehen und sich entwickeln.

Das Verhalten aller Tiere wird davon beeinflusst, wie gut ihr Futter ist und wie viel Stress sie ausgesetzt sind, wobei das Futter selbst bereits Stress begründen kann. Wie harmlos eine Chemikalie auch sein mag, mit der die Futterpflanzen behandelt werden, oder jeder weitere Zusatzstoff, der dem Endprodukt hinzugefügt wird, gerade in der Kombination (und die Tiere bekommen nicht nur ein einziges Produkt) sind die Auswirkungen mehrerer unnatürlicher Substanzen auf die Gesundheit weitgehend unbekannt. Ein Großteil der im Vereinigten Königreich heute intensiv gehaltenen Tiere wird mit genetisch verändertem Sojamehl gefüttert, und es wird erst mit der Zeit klar werden, ob das zu zusätzlichen Problemen führt.

Gibt es Konkurrenz um das Futter und die Schwächsten bekommen nicht genug, geraten sie zusätzlich unter Stress, wodurch sich das Risiko einer Erkrankung erhöht. In großen Herden ist es äußerst schwierig, Tiere individuell zu behandeln, und so bekommen die Schafe sehr oft vorsorglich Medikamente verabreicht. Das kann dem Schäfer das Leben vereinfachen, aber die Schafe nehmen so zu viele Medikamente auf, was einer der Gründe für eine erhöhte Immunität der Erreger ist.

Tuberkulose bei Kühen wird von einigen Leuten auf eine Ansteckung durch Dachse zurückgeführt und hat ebenfalls mit Stress zu tun. Im Landwirtschaftlichen

Untersuchungsausschuss des Unterhauses zum Zusammenhang von Dachsen und Rindertuberkulose hieß es 1999: »Rinder in Intensivtierhaltung leben unter Bedingungen vergleichbar mit denen, die die Ausbreitung menschlicher Tuberkulose in den ärmsten und überfülltesten Teilen der Welt begünstigen.«

Wir versuchen auf unserer Farm ein Umfeld zu schaffen, das allen Tieren die Freiheit gibt, mit uns zu kommunizieren oder sich von uns abzusetzen, ganz wie sie es mögen.

Die scheinbar banale alltägliche Existenz einer Kuh oder eines Kalbes oder beider zusammen ist vielleicht kein Thema, das zu großen Fantasien anregt. Aber die Geschichten in diesem Buch geben dem Leser einen Einblick in das, was im Leben ganz normaler Rinder vorgeht, die ihren täglichen Gewohnheiten folgen. Sie zeigen, dass ihre Leben so erfüllt und verschiedenartig sind wie unsere. Obwohl ein großer Teil des Tages mit Arbeit (Fressen) verbracht werden muss, um sich zu erhalten, ist immer auch Zeit für andere, außerplanmäßige Aktivitäten wie Babysitten für eine Freundin, Brombeerpflücken, gegen einen Baum oder einen Erdhügel zu kämpfen, mit ein paar Kälbern oder einem Fuchs Fangen zu spielen oder mit einer Tochter ruhig über eine bevorstehende Niederkunft zu reden. All diese Dinge, und viele mehr, sind über die Jahre von uns beobachtet worden, und die ausgewählten Geschichten sind ein Einblick in eine bisher geheime Welt.

Ich erzähle die Geschichten genau so, wie sie sich zugetragen haben, aber natürlich stammen die Interpretationen dessen, was die einzelnen »Personen« tun, von mir. Ich verstehe sie als individuelle Charaktere und spreche auch so von ihnen.

Das geheime Leben der Kühe

Wir waren immer schon stolz auf unsere Herde Kühe gewesen, haben sie gemolken, mit Namen angesprochen, gestreichelt und ihre Individualität genossen. Aber erst mit dreizehn Jahren begriff ich, dass sie sich auch untereinander mochten.

Schalten wir zurück ins Jahr 1968. Damals betrieben wir Milchwirtschaft, mit einer Herde reinrassiger Ayrshires. In jenem Sommer pachteten wir drei Felder auf einem steilen und unberührten Hügel etwa sechs, sieben Kilometer entfernt und mieteten einen Transporter, um die Trockensteher, die Milchkühe vor der Geburt eines neuen Kalbes, und die vorm ersten Kalben stehenden Färsen auf ihre Sommerweide zu bringen. Dort blieben sie drei Monate, fraßen üppiges Gras, tranken eiskaltes Quellwasser und genossen ihr Leben. Die zu Hause gebliebenen Milchkühe schienen ebenfalls glücklich wie gewohnt. Als die kurze Pachtzeit endete, besorgten wir den Transporter ein weiteres Mal und brachten die Urlauberinnen zurück nach Hause.

Ich glaube, jeder in unserer Familie stellte für sich fest, dass Sunbeam und Moonbeam, Mutter und Tochter, tagelang Schulter an Schulter im Hof und auf der Weide standen und die vergangenen drei Monate besprachen, nachdem die beiden Hälften der Herde wieder vereint waren. Sie zeigten keinerlei Emotionen, sondern waren einfach nur sehr froh, wieder zusammen zu sein.

Sie hatten sich während der Trennung nicht nach einander verzehrt. Als Milchkuh hatte Sunbeam ihre Tochter nicht gesäugt, und wir wussten nicht einmal, ob sie sich noch kannten. Doch diese Demonstration gegenseitiger Zuneigung öffnete uns die Augen für eine neue Welt, die Welt von Rinderfreundschaften.

Ein wenig über Erfindungsgeist

Als Wizzie, auch eine Ayrshire, ihr zweites Kalb bekam (ein stämmiges, hübsches, kurzbeiniges rotes Kuhkalb namens Meg), erzählte sie ihrer Tochter, sie sei die Beste, und das Kalb glaubte ihr. Als dann der Winter einsetzte und der Matsch zum täglichen Problem wurde, machte Meg klar, dass sie es hasste, ihre mahagonifarbenen Füße zu beschmutzen. Irgendwie schaffte sie es, die steilen, schmalen Cotswoldstein-Stufen hinauf in unseren Kornspeicher zu erklimmen. Und so sahen wir, wie sie eines frostigen frühen Morgens auf die oberste Stufe hinaustrat, gähnte und den Blick schweifen ließ, um zu sehen, ob es sich lohnte aufzustehen, sprich, zurück nach unten zu kommen. Sie hatte eine äußerst angenehme Nacht auf dem hölzernen Boden des Kornspeichers verbracht, fern von Schmutz, Zugluft und den Bedrängungen ihrer Altersgenossinnen. Wir hatten die Tür des Kornspeichers offen gelassen, weil wir *wussten*, dass kein Kalb und keine Kuh es die Stufen dort hinauf schaffen würde. Meg weihte zwei Freundinnen in ihre Entdeckung ein, und wir brachten Heu und Wasser für sie hinauf.

Alice und Jim

1974 stellten wir die Milchwirtschaft ein und erlaubten den Kühen von da an, ihre Kälber selbst großzuziehen. Wie melkten nur noch ein, zwei Kühe für den eigenen Bedarf.

Alice wurde in den 1990ern eine unserer Hauskühe, und in der Zeit, als wir sie täglich holten und melkten, stellten wir fest, dass sie nicht nur ungeheuer freundlich und sanft war, sondern auch einen Sinn für Späße hatte.

Alice war schwer und schwarz, mit einer breiten, intelligenten Stirn und großen, dunklen Augen. Und sie lernte schnell, wie es mit dem Melken funktionierte. Wir melkten nur einmal am Tag (unser Ziel war nicht, besonders hohe Erträge zu erzielen, sondern uns selbst zu versorgen), und dazu holten wir die Kühe auf den Hof. Sie waren fast immer auf ihrer L-förmigen Lieblingswiese zu finden, von der man einen der schönsten Ausblicke hat. Zudem ist die Wiese flacher als die anderen und scheint ewig lang zu sein. Allerdings wissen wir nicht, ob der Ausblick mit dazu beitrug, dass die Kühe sich so gern dort aufhielten. Um vom Hof aus hinzukommen, muss man ein Feld mit fünf mehr als hundert Jahre alten Walnussbäumen hinaufsteigen. Meistens waren unsere beiden Hauskühe am anderen Ende der Wiese, so weit entfernt wie nur möglich. Aber sie wussten, was wir wollten, und kamen stets gern mit uns mit.

Alice versuchte manchmal etwas mehr Leben in die Sache zu bringen, wurde an meiner Seite plötzlich schneller, machte Tempo und verschwand aus meinem Blickfeld. Ich wanderte mit der anderen Kuh weiter und ein paar Hundert Meter später entdeckte ich Alice: Sie versuchte, Verstecken zu spielen. Dabei tat sie ihr Bestes, sich hinter einem der Walnussbäume unsichtbar zu machen, war aber natürlich zu breit. Und kaum ging ihr auf, dass ich sie erspäht hatte, galoppierte sie auch schon wieder los und versteckte sich hinter dem nächsten Baum, und immer so weiter, bis wir den Hof erreichten.

Nach ihrem Jahr als Hauskuh durfte sich Alice drei Monate mit ihren Freundinnen auf der Weide ausruhen. Als sie kurz davorstand zu kalben, holten wir sie zur Scheune, um sie in der Nähe zu haben, falls sie Hilfe brauchte. Alice begriff gleich, worum es ging, und schien nichts dagegen zu haben. Nach etwa fünfzig Metern jedoch schaltete sie plötzlich auf Vierradantrieb und schoss hinüber auf die andere Seite der Wiese. Dort stand ihre Freundin Toria. Sie erzählte ihr, wohin es ging und warum, und kam anschließend wieder angetrottet. Wir kehrten ohne weitere Zwischenfälle zum Hof zurück, und am nächsten Morgen wurde Abou geboren, ohne unsere Hilfe. Toria bekam eine Woche später ihre Gloria, und bald schon waren die Mütter mit ihren Töchtern wieder bei der Herde.

Im folgenden Jahr brachte Alice Jim auf die Welt. Er war pechschwarz, hatte einen weißen Schwanz und einen sehr hohen IQ. Als er ein Jahr alt war, wurden seine Zwillingsgeschwister Alice und Arthur geboren. Mittlerweile hatte Jim sich körperlich und emotional von seiner Mutter abgesetzt und war mit seinen Freunden auf einen anderen Teil der Farm gezogen. Trotzdem hatte er ganz offenbar auch weiter ein Auge auf seine Mutter. Als Alice die Zwillinge zum ersten Mal hinaus in die Sonne führte und sie eine Weile für sich ließ, um in Ruhe grasen zu können, sprang Jim über den Zaun und trabte und trottete zu ihnen, um sich vorzustellen. Aber sie waren viel zu klein, um tatsächlich interessant für ihn zu sein, und so drehte er schon bald wieder um und wanderte zurück. Der kaum zwölf Stunden alte Arthur beschloss jedoch, Jim zu folgen. Er war noch ziemlich wacklig auf den Beinen, doch sein Wille, nicht zurückgelassen zu werden, schien mit jedem Schritt zu wachsen, und wir sahen zu, wie er seinem großen Bruder stolpernd und holpernd folgte. Jim erreichte den Zaun, hüpfte hinüber und war weg. Arthur starrte ihm ungläubig und enttäuscht hinterher, untersuchte ausgiebig den Zaun und zottelte dann langsam zu seiner Schwester zurück.

Ein paar Monate später, im trüben, tristen Winter, entdeckte Jim eine Möglichkeit, die Tage weit interessanter zu machen, als sie normalerweise gewesen wären. Fat Hat II wohnte in derselben Scheune wie Jim und durfte wie gewohnt hinaus, wann immer sie wollte, lief zur Silage und fraß nach Belieben etwa eine Stunde. Jim konnte nicht verstehen, warum ihm dieses Privileg vorenthalten blieb, und nachdem er sie einige Tage aufmerksam beobachtet hatte, ließ er sich eine Lösung einfallen, die uns alle erstaunte und amüsierte.

Ich stand gerade mit einer Freundin in der Küche,

trank wahrscheinlich einen Tee, blickte aus dem Fenster und sah Jim aus dem Hof aufs Feld hinauslaufen. Das Tor war offen geblieben, doch es war so kalt, dass sonst niemand nach draußen wollte. Zielstrebig trottete er auf die Kirschbaumwiese zu, weg von Futter und Freunden. Nach einer Weile begriff ich, was er vorhatte, und kommentierte seine Unternehmung für meine Freundin. Jim lief noch etwa hundert Meter weiter, wandte sich zur Seite, tastete sich über das Viehgitter, lief die Straße vorm Haus hinunter und gesellte sich zu Fat Hat II am Silagehaufen. Es muss nicht extra gesagt werden, dass ihm von dem Tag an auch der kürzere Weg erlaubt war.

Mütter und Töchter

Die Beziehung zwischen Müttern und Töchtern ist oftmals ebenso kompliziert wie faszinierend. Einige Mütter sind weich und lassen sich von ihren Kälbern herumkommandieren, andere sind herrschsüchtig und erdrückend, wieder andere gehen es vielleicht etwas zu locker an. In zwei der interessanteren Geschichten geht es um Dolly und Dolly II sowie Stephanie und Olivia.

Stephanie und Olivia hatten eine normale, enge Beziehung und waren ständig zusammen, bis Olivia ihr erstes Kalb bekam. Als der Geburtstermin näherrückte, beriet und beruhigte Stephanie ihre Tochter und half ihr, einen guten Ort zum Kalben zu finden, an einem kleinen Bachlauf mit klarem Wasser. Stephanie blieb in der Nähe, etwa fünfzig Meter entfernt, um nicht zudringlich zu wirken. Olivia kalbte ohne jedes Problem und war von Beginn an völlig vernarrt in ihr schönes, cremefarbenes Bullenkalb, das wir Orlando nannten. Sie leckte ihn trocken, säugte ihn und verliebte sich in ihn. Stephanie kam nach ein paar Stunden dazu, um sich vorstellen zu lassen, graste während der nächsten Tage in der Nähe der beiden und hoffte darauf, zum nützlichen Teil einer Dreierbeziehung zu werden. Da junge Kälber während der ersten Tage viel schlafen, springen Großmütter oft als Babysitter ein. Manchmal übernehmen auch andere Kühe diese Rolle, wobei es durchaus üblich ist, dass sich eine Kuh gleich um mehrere Kälber kümmert. Die Aufgaben werden in aller Regel demokratisch verteilt, und die Kühe wechseln sich ab.

Traurigerweise wollte Olivia Stephanies Dienste nicht. Stattdessen wich sie nicht von Orlandos Seite, graste so nahe bei ihm wie nur möglich, und sobald er sich ein Stück wegbewegte, folgte sie ihm. Sie lehnte sogar das Angebot ihrer Mutter ab, ihm das Fell zu lecken, und ignorierte sie auf geradezu schändliche Weise. Am vierten Tag platzte Stephanie der Kragen. Verletzt und irritiert wandte sie sich ab, sprang über den nächsten Zaun auf eine andere Weide und graste mit ihren früheren Freundinnen.

Soweit ich weiß, haben die beiden nie wieder miteinander gesprochen.

Der Fall von Dolly und ihrer Tochter war ein ganz anderer. Dolly war eine weise, ziemlich alte Kuh. Sie war mahagonifarben, schlank, schmuck und sehr, sehr clever, hatte viele Kälber bekommen und sich um jedes einzelne bestens gekümmert. Mehrere Monate produzierte sie jeden Tag fünfzehn, zwanzig Liter Milch für sie und reduzierte die Menge im Laufe eines Jahres so, dass ihr Nachwuchs, als die Zeit zum Abstillen kam, seinen Grundbedarf bereits mit Gras decken konnte und die Milch kaum vermisste. Dolly putzte ihre Kälber jeden Tag, beschützte und förderte sie und erklärte ihnen, Menschen gegenüber wachsam zu sein. »Sie sind nicht wie wir«, sagte sie ihnen. »Mitunter sind sie nützlich, besonders, was die Versorgung mit Heu im Winter angeht, aber es besteht absolut keine Verpflichtung, sich mit ihnen zu verbrüdern.« Und ihre Kinder beherzigten diesen Rat.

Ihre ersten vier Kälber waren Jungs, und sie hielten sich in vornehmer Abgeschiedenheit von uns fern, oder um es genauer auszudrücken: Wir waren ihnen egal. Dollys fünftes Kalb war ein Mädchen, Dolly II.

Dolly II. war sehr schön und so hell goldbraun, wie

ihre Brüder dunkel gewesen waren. Sie hatte große Rehaugen und eine liebe, zutrauliche Art. Ganz gleich, was Dolly ihr sagte oder tat, die junge Dolly mochte uns und wollte, dass wir sie mochten. Manchmal, wenn wir ihr Kalb streichelten, fühlten wir uns angehalten, auch die alte Dolly zu tätscheln, ihr zu gratulieren, doch dann warf sie den Kopf verärgert in die Höhe, als hätten wir sämtliche Regeln vergessen. Obwohl es uns gefiel, dass uns die meisten unserer Kühe vertrauten, bewunderten wir doch die wenigen, die unabhängig von uns blieben.

Als Dolly II fünfzehn Monate alt war, bekam ihre Mutter ein weiteres Kalb und widmete sich ihm, wie sie es immer getan hatte. Dolly II wurde nicht zurückgewiesen, aber doch zunehmend ignoriert. Sie begriff, dass sie sich als Erwachsene ihre eigenen Freunde würde suchen müssen und ihre Mutter das tun lassen, was sie so gut konnte. Es fiel ihr leicht, sich mit anderen anzufreunden.

Die Zeit verging, und schließlich stand Dolly II kurz davor, ihr erstes eigenes Kalb zu bekommen. Wir sahen jeden Tag nach ihr, je näher der Zeitpunkt rückte, erst zwei-, dann dreimal täglich. Wir versuchen immer, in der Nähe zu sein, nur für den Fall, dass wir gebraucht werden, was jedoch selten der Fall ist. Jedes Mal wurden wir mit freundlicher Gleichgültigkeit begrüßt. Dolly II fühlte sich gut und konnte unsere zahlreichen Besuche nicht verstehen.

Trotz aller Fürsorge waren wir dann doch nicht da, als Dolly kalbte. Bis dahin war in ihrem Leben nichts schiefgegangen, und so erwartete sie es auch nicht. Statt einen offenen, zugänglichen Ort für die Geburt zu wählen oder zu kommen und uns um Hilfe zu bitten, wie es einige junge Kühe tun, lief sie so weit vom Hof weg wie nur möglich und ließ sich an einem Ort nieder, der auf allen Seiten von Hecken und Anhöhen umgeben war.

Als wir feststellten, dass sie verschwunden war, suchten wir überall nach ihr. Unsere Farm ist ziemlich groß, es gibt endlos viele Verstecke, und wenn man das Pech hat, zunächst an den falschen Stellen nachzusehen, kann es ewig dauern, bis man findet, wonach man Ausschau hält. An dem Tag waren wir zu fünft und liefen alle in unterschiedliche Richtungen, mit einer klar definierten Aufgabe.

Am Ende fanden wir Dolly II hinter einem Hügel, und sie bot einen erschreckenden Anblick. Die traurige Wahrheit war, dass sie sich in dem Bestreben, ohne Hilfe ein viel zu großes Bullenkalb auf die Welt zu bringen, unglaublich angestrengt und dabei ihre Gebärmutter herausgedrückt hatte. Das Kalb war tot, und Dolly lag völlig erschöpft daneben. Wir machten uns gleich daran, ihr zu helfen. Während wir auf den Tierarzt warteten, breiteten wir eine Decke über sie und gaben ihr angewärmtes Wasser zu trinken, kaltes wäre in ihrem

Zustand ein zu großer Schock gewesen. Der Tierarzt kam schnell, und es gelang ihm, die Gebärmutter wieder in die natürliche Position zu bringen und dort festzunähen. Anschließend brachten wir Dolly II mit Heuballen und Stroh in eine Art Sitzstellung, und als sie es relativ bequem zu haben schien, wenngleich sie noch sehr erschöpft war und offensichtlich unfähig aufzustehen, ließen wir sie für eine Weile allein.

Eine Stunde später kamen wir zurück, und Decke und Strohballen lagen verlassen im Gras. Der Eimer war leer und umgekippt und Dolly II war nirgends zu sehen. Wir konnten es kaum glauben.

Nach langem Suchen fanden wir sie drei Wiesen weiter, wo sie zu Füßen ihrer klugen alten Mutter lag und sich von ihr das Fell lecken und sich trösten ließ, wie wir es nie gekonnt hätten. Wir hatten die beiden Dollys seit ewigen Zeiten nicht mehr miteinander reden sehen, und woher die jüngere gewusst hatte, wo sie ihre Mutter finden würde, war uns ein Rätsel. Jedenfalls waren wir sehr froh, dass unsere Regel, alle Tore offen zu lassen, damit alle sich bewegen konnten, wohin sie wollten, sich wieder einmal als gerechtfertigt erwiesen hatte. Wenigstens war Dollys langsame, schwankende Suche nicht von hohen hölzernen Gattern vereitelt worden. Nach sechs Tagen ständigen Zusammenseins trennten sich die beiden Dollys wieder und gingen glücklich ihre eigenen Wege.

Es kommt nur selten vor, dass Kühe ihre Kälber zurückweisen oder ignorieren, und unserer Erfahrung nach lösen sich derartige Probleme nach relativ kurzer Zeit. Soweit ich mich erinnere, ist die ihre Mutter zurückweisende Olivia wirklich ein Einzelfall. Stattdessen sehen wir fast jeden Tag Töchter ihre Mütter konsultieren, ob es nun um bevorstehende Niederkünfte oder einfach nur das Wetter geht.

Vor einiger Zeit waren wir nicht ganz sicher, wann die junge Nell kalben würde, und so beschlossen wir, sie die verbleibenden Nächte mit ihrer Mutter in der Scheune zu halten. Neun Nächte später, morgens um vier, begann die Geburt, und Nells Mutter sah aufmerksam zu. Als das Kalb halb auf der Welt war (was der Hilfe von zwei Männern bedurfte), kam die alte Nell, Gold-Nell mit vollem Namen, ganz nahe heran, legte den Kopf schief und betrachtete Tochter und Enkelin sehr genau. Sie sah, dass es beiden gut ging, trottete zum Tor und wollte hinaus. All die vorangegangenen Nächte hatte sie nicht die leiseste Neigung gezeigt, die Scheune zu verlassen, sondern bei ihrer Tochter bleiben wollen. Jetzt, wo sie wusste, dass sie nicht länger gebraucht wurde, konnte sie hinaus, wobei sie fortan eine sehr aktive Freundschaft mit der erweiterten Familie unterhielt.

Jake

Alle unsere Bullen waren und sind beeindruckende, interessante Individuen: Jonathan, Ivor, Tor Down Hyadal, Olé, Mr Mini, Sam und John (die eineiigen Zwillinge von Constance), Wheatrig Patriot IX., Augustus und die Bischöfe von Gloucester und Worcester. Aber der König war Jake.

Die Vorfahren Jakes verdienen es ebenfalls, hier vorgestellt zu werden. Emily, Jakes Großmutter, war eine Hereford, rot, mit einem weißen Gesicht. Sie wurde krank, als sie erst ein paar Monate alt war. Wir wussten nicht genau, warum. Es schien, als hätte sie sich eine Art Lungenentzündung mit Appetitverlust und Atembeschwerden zugezogen. Ihr Zustand verschlechterte sich zusehends, und sie war sehr schwach. Mein Vater nahm sie unter seine Fittiche und pflegte sie so hingebungsvoll wie kenntnisreich. Er legte sich neben sie und wärmte sie, bettete sie in Stroh und half ihr auf sehr sanfte Art, wieder gesund zu werden. Es dauerte Monate, bis sie wirklich zu Kräften kam und nach und nach, umhegt und umsorgt, aufzublühen begann. Am Ende wurde aus dem kleinen, schwachen Kälbchen eine stämmige, robuste, vierschrötige Kuh mit einem dichten, weichen Fell.

Emilys erstes Kalb war Nuffield, Jakes Mutter. Bei ihrer Geburt war sie dunkel – dunkelbraun mit einem weißen Gesicht, und zunächst nannten wir sie Emily II. Nach ein paar Monaten jedoch schien sie ihr Fell zu verlieren, das braune Haar fiel aus und langsam, aber sicher wurde Emily II. schwarz. Ihr seltsamer neuer Name rührte daher, dass der Leyland-Konzern, als er den Traktor-Hersteller Nuffield kaufte, die bis dahin orangefarbenen Fahrzeuge blau umspritzen ließ. Nach einer Weile jedoch blätterte die blaue Farbe ab, und das ursprüngliche Orange kam wieder zum Vorschein. Daher Emilys neuer Name.

Nuffield trieb uns fast zur Verzweiflung, weil sie einfach kein Kalb bekommen wollte. Als wir kurz davor waren, die Hoffnung ganz aufzugeben, beschlossen wir, ihr eine letzte Chance zu geben, und versuchten es mit einer künstlichen Besamung, zusätzlich zu unserem Deckbullen.

Nuffield wurde trächtig, und neun Monate später stellte sich heraus, dass sie von beiden Bullen geschwängert worden war. Sie brachte zwei völlig verschiedene Zwillinge zur Welt, Red Ruth und Black Jake. Ruth war rot, mit einem weißen Gesicht, und Jake völlig schwarz. Wären wir nicht selbst bei der Geburt dabei gewesen, hätten wir nicht geglaubt, dass Zwillinge so unterschiedlich sein können. So reizend und freundlich Emily war, so dominierend und unabhängig war Nuffield, und die Zwillinge waren eine wunderbare Mischung aus beidem: gutmütig und vertrauensvoll, aber doch auch absolut eigenständig. Nuffield war sehr stolz auf sie.

Bereits während ihrer ersten Monate stellten wir fest, was für besondere, ungewöhnliche Fähigkeiten sowohl Jake als auch Ruth besaßen. Sie waren hochintelligent, wussten immer, was zu tun war, und fragten uns, wenn nötig, um Hilfe. Jake kam zu mir aufs Feld und zog mich an der Jacke, um meine Aufmerksamkeit zu erregen.

Ruths erstes Kalb war winzig, dünn und schwach, während Ruth selbst längst stämmig, robust und stark war. Little Ruth brauchte über Monate endlose, geduldige Pflege, und wir mussten ihre Mutter dazu überreden, ohne sie hinaus auf die Weide zum Grasen zu gehen, denn sie wollte ihr Kalb nicht zurücklassen. Doch sie begriff sehr schnell, dass wir uns um Little Ruth kümmerten, und fand ihre ganz eigene Art, damit umzugehen. Für zwei, drei Stunden graste sie draußen, kam dann zurück in die Scheune und gab uns genug Milch, um das Kalb mit der Flasche zu füttern. Anschließend zog sie wieder los (ihr Verhalten war eine Art von Vorbote für das von Fat Hat II, von der ich ebenfalls noch erzählen werde). Nach und nach wurde Little Ruth kräftiger und begann, ihre Mutter zu begleiten. Zwischenzeitlich hatten wir ihr beigebracht, Heu zu fressen, verschiedene Gräser geschnitten und ihr ebenfalls vorgesetzt. Hornkraut mochte sie besonders gern, was wir dann auch fleißig für sie suchten.

Jake wurde bald zum wichtigsten Tier der Farm, allerdings nicht, wenn es nach ihm ging, denn im Gegensatz zu den meisten anderen Bullen war er alles andere als eingebildet. Er war großartig: völlig schwarz, mit einem derben Fell im Winter und einem seidig-weichen im Sommer. Das Haar auf seiner Stirn war immer dicht gelockt. Er hatte schmucke, starke schwarze Füße und freundliche, intelligente, wissende Augen. Wie liebten und bewunderten ihn, und mit der gesamten Herde verhielt es sich ebenso. Er war gutmütig und niemals tyrannisch, obwohl er dreimal mehr Kraft als alle anderen hatte. Selbst ein kleineres Tier konnte ihn von einem Heuhalm wegstoßen.

Jake vertraute uns. Wir haben ihn nie enttäuscht oder ihm Angst gemacht, und er war eine glückliche Seele, sprach regelmäßig mit seiner Mutter und seinen mittlerweile drei Schwestern (Nuffield hatte noch einmal Zwillinge geboren, Augusta und Octavia, identische Kuhkälber, schwarz mit weißen Gesichtern, genau wie Nuffield selbst). Wir beschlossen, Jake als unseren Deckbullen zu behalten. Er war ideal, umgänglich und vollkommen ungefährlich.

Eines Tages musste ich ihn auf die andere Seite der

Farm bringen, weg von den Kühen, mit denen er den Winter verbracht hatte, hin zu einer anderen, größeren Gruppe, etwa einen Kilometer entfernt. Da es schade gewesen wäre, die ganze Gruppe von ihrem gewohnten Platz zu holen, nur um ein Tier zu verlegen, schob ich Jake sanft von seiner Herde in Richtung Gatter, das in den Wald führte. Er drehte sich zu mir um und sah mich fragend an. Ich gab ihm einen etwas bestimmteren Klaps, und er ging voran. Durch den dunklen Wald liefen wir, er voller Vertrauen, dass ich ihn nirgends hinbringen würde, wo es ihm nicht gefiel, und ich schob und tätschelte ihn, redete auf ihn ein und lobte ihn. Wir erreichten das Gatter zur anderen Weide, und Jake, höflich, wie er war, wartete, dass ich ihm aufmachte, trottete dann schwerfällig erst durch den Bach und dann die sehr matschige Uferböschung hinauf. Wieder sah er mich fragend an, und ich versicherte ihm, dass er glücklich sein würde, wenn wir unser Ziel erreichten. Dazu schob ich ihn und klopfte ihm entschieden auf das dichte Fell.

Unser langer, interessanter Weg über die Farm war angenehm, doch auch etwas gewagt, denn obwohl Jake langsam dahintrottete, mitunter qualvoll langsam, und den Eindruck hohen Alters und größter Langeweile vermittelte, wusste ich, dass sich das in Sekundenschnelle ändern und er verschwinden konnte, wenn ihm danach war. Schließlich kam die andere Hälfte der Herde in Sicht. Jake wandte sich mir ein weiteres Mal zu, um zu signalisieren, dass er das Ziel unseres Marsches verstand, und lief auch schon los, seine neuen Freunde begrüßen.

Jake hatte nur eine einzige Unart, die man normalerweise nicht mit Rindern in Verbindung bringen würde: Er liebte die Kohlenmonoxid-Dämpfe, die aus dem Auspuff unseres Land Rovers kamen. Erst bemerkten wir nicht, was er da machte. Wir waren es gewohnt, auf die Weide zu fahren, bis unters Dach mit Strohballen beladen, mindestens zehn drinnen und dazu noch drei oben auf den Dachträger gepackt. Wenn es, wie so oft, kalt war, ließ ich den Motor laufen, sprang hinaus und teilte einen Ballen auf, wobei ich die herandrängenden Hörner, Köpfe und Klauen wegzuschieben versuchte. Schnell rutschte ich zurück hinters Steuer, fuhr weiter und wiederholte das Spiel in kurzen Abständen, um das Stroh gleichmäßig über eine größere Fläche zu verteilen, damit auch die kleineren, ängstlicheren Tiere ihren Teil abbekamen und sich nicht vor den größeren, selbstbewussteren fürchten mussten. Jake sah uns kommen und lief zur hinteren linken Ecke des Land Rovers. Wir merkten erst, was da ablief, als er eines Tages den Kopf an der Stoßstange rieb, während er immer weiter geradezu ekstatisch inhalierte. Er schien komplett entrückt, und all unsere verbalen Proteste halfen nichts, genauso wenig wie die Versuche, ihn wegzudrücken. Von da an stellte ich den Motor immer ab, wie kalt es auch sein mochte.

Ungewöhnliches Verhalten muss untersucht werden

Fat Hat I hatte einen nachhaltigen Einfluss auf unser Leben. Sie war ein Shorthorn und hatte zunächst Harriet geheißen, wurde noch jung schon sehr dick und bekam deshalb den Spitznamen Fat Hat. Wir wollten gern die Zahl unserer Shorthorns vergrößern und hofften, Fat Hat würde uns ein paar Töchter schenken. Es wurden neun Söhne, einer folgte dem anderen. Ihr zehntes Kalb schließlich war eine wunderschöne stichelhaarige, erdbeerrote Tochter, die wir Bonnet nannten, und von ihr bekamen wir elf Kälber. Fat Hats nächstes Kalb war ein blaugrauer stichelhaariger Bulle, The Blue Devil. Er war ein ungeheuer egoistisches, dominantes Kalb, das einzige, das sie nicht liebte. Natürlich kümmerte sie sich um ihn, war aber immer sichtlich erleichtert, wenn er mit seinen Freunden loszog. Zunächst war The Blue Devil ein ganz normales Kalb, doch bald schon wurde offensichtlich, dass er nicht nur ein unabhängiges Individuum werden würde, sondern schwierig und anstrengend. Fat Hats erste neun Jungs, alle rot und lieb zu ihr, aber nicht zu uns, hatten wir Ronnie genannt. Fat Hats zwölftes Kalb war ein weiteres stichelhaarig-erdbeerrotes Kuhkalb namens Straw Béret, ihr letztes noch ein Kuhkalb, Fat Hat II.

Fat Hat war eine in vieler Hinsicht bemerkenswerte Kuh. Sie zog Männer Frauen vor, mochte aber auch die nicht allzu sehr. Sie brauchte nie etwas und bat auch nie um etwas, wollte keine Hilfe beim Kalben und kein zusätzliches Futter. Sie war niemals krank. Als sie uns tatsächlich zum ersten Mal brauchte, war sie fast zwanzig Jahre alt.

Ich fand sie an einem warmen Sommertag im Hof, als der Rest der Herde weit weg beim Grasen war. Ungewöhnliches Verhalten muss untersucht werden, und ich ging zu ihr und sah, dass sie sich in einem Zaun verheddert haben musste. Um alle vier Füße trug sie ein Wirrwarr aus lästigem Draht, das sie offenbar nicht wieder loswurde. Mein erster Gedanke war, dass es selbst mit etlichen Helfern eine Herausforderung sein würde, sie von dem Gewirr zu befreien. Sie war nur schwer zu bändigen, würde sich wehren und dabei den Draht nur noch fester zurren. Aber ich war allein, und es bestand keine Aussicht, dass bald jemand zu Hilfe kam, und sie schien darum zu bitten, dass ich sie befreite: Noch nie hatte sie menschliche Unterstützung gebraucht. Ich bückte mich, redete so beruhigend auf sie ein, wie ich konnte, und griff nach dem ersten Stück Draht. Sie rührte keinen Muskel. Ich begann den Draht zu lösen und war mir bewusst, dass sie womöglich nach mir treten würde. Doch ihr schien absolut klar zu sein, dass ich meine Aufgabe nur bewältigen konnte, wenn sie sich kooperativ verhielt. Völlig still stand sie da, während ich die Drahtstücke entwirrte, löste und sie nach und nach von ihnen befreite. Dabei musste ich ihre Füßte immer wieder anheben. Es dauerte eine ganze Weile, aber am Ende war es geschafft. Bevor sie zurück auf die Weide lief, wandte sie sich noch einmal um und sah mich an. Ich für meinen Teil glaube, dass es ihr zähneknirschendes Zugeständnis war, dass wir Menschen gelegentlich doch hilfreich sein konnten.

Ein paar Bemerkungen zu Namen und ein paar mehr zum Trauern

Alle unsere Tiere haben selbstverständlich Namen, viele auch Spitznamen, und oft rücken diese Spitznamen so in den Vordergrund, dass wir die eigentlichen Namen vergessen. Der erste Fall dieser Art – Kosenamen mal ausgenommen –, den ich erinnere, war Highnoon IX. Sie war eine zuverlässige, unauffällige Kuh, bis sie ein ungewöhnlich gemustertes, rot-weißes Bullenkalb bekam, das buchstäblich herumhummelte, statt sich normal zu bewegen. Halb spazierte es, halb polterte es durch die Gegend. Bumble, so nannten wir den Kleinen, wurde ein echter Hingucker und seine Mutter als Mrs Bumble bekannt, der alte Name war vergessen. Etwas mehr als ein Jahr später bekam Mrs Bumble ein Kuhkalb, Miss Bumble, die ihrerseits Zwillinge auf die Welt brachte, zwei Kuhkälber, die Misses Bumble. Und am Ende wurde die erste Miss Bumble auf ungewöhnliche Weise zu Granny, Großmutter.

Als die zwei Misses Bumble fast drei Jahre alt waren, produzierten beide je ein rotes Bullenkalb, und um ihren neuen Status anzuerkennen, tauften wir sie auf Mrs Ogmore und Mrs Pritchard um, nach den beiden Charakteren aus Dylan Thomas' *Unter dem Milchwald*. Es war der lange, aber nicht so kalte Winter 1989, und wir hatten eine ganze Reihe junger Kälber: Amelia, Dreamy, Eleanor, Ninette, Horatio (Nells Sohn), Laura, Edward … Jeden Tag, je nach Wetterlage, wanderten diese Kälber entweder zum Grasen hoch zur L-förmigen Weide (die sie am liebsten hatten). Oder sie waren unten im Pappelwald, spielten dort beim Bach, zwischen jungen Eschen und abgebrochenen Pappelästen und einem umgestürzten, entwurzelten Baum, der sie unendlich zu faszinieren schien.

Obwohl die Kühe und Kälber die Nächte in der Scheune verbrachten, wo es reichlich Heu zu fressen gab, brachten wir auch tagsüber welches auf die Weiden hinaus, hatte das Gras, das sie dort fraßen, im Winter doch relativ wenig Nährstoffe. Als wir eines Tages zum Heuverteilen über die L-förmige Weide fuhren, sahen wir zu unserem Schrecken Mrs Pritchard tot auf der Wiese liegen. Pritchard, ihr drei Wochen alter Sohn, stand hilflos und konsterniert neben ihr. Die Obduktion ergab, dass sie an einem Leberabszess gestorben war. Wahrscheinlich hatte sie völlig unbemerkt einmal einen heftigeren Schlag erhalten, Monate oder gar Jahre zuvor. In der Folge hatte sich ein Abszess gebildet, der jetzt ebenso plötzlich wie unvorhersehbar geplatzt war.

Über die Jahre haben wir immer wieder beobachtet, wie tief die emotionalen und körperlichen Bindungen zwischen den Kühen und ihren Kälbern sind, und dabei festgestellt, dass eine Kuh länger um ihr Kalb trauert als ein Kalb um seine Mutter, wobei verschiedene Dinge dabei helfen, die Trauer zu mindern. Zum Beispiel ist es wichtig, dass die Kuh mit anderen Mitgliedern der direkten Familie »sprechen« kann. Ebenso hilft es, anderes, verlockendes Futter zu beschaffen. Ein Kalb muss mit Verwandten und Freunden kommunizieren und braucht zusätzliche Zuwendung von uns, mit Futter und Fellpflege, und auch die Ablenkung durch eine Veränderung des Umfelds kann das Vergessen beschleunigen. Sehr viel hängt vom Alter des Kalbes ab, so dass wir unterschiedliche Strategien für die verschiedenen Altersgruppen entwickelt haben.

Als Lottes Mutter starb, kümmerte sich ihre ältere Schwester Charlotte so hingebungsvoll um sie, dass sie die neue Situation überraschend schnell akzeptierte. Pritchard dagegen schien keinerlei wirklich gute Freunde zu haben, obwohl er definitiv mit zur Truppe gehörte. Ein jüngeres Kalb ist hauptsächlich mit seinem Hunger beschäftigt, je älter es ist, desto mehr Zeit bleibt, die Mutter zu vermissen. Mit viel Hätscheln und Tätscheln, Zuwendung und Sorge jedoch scheint auch ein sechsmonatiges Kalb seine Mutter innerhalb von einer Woche, manchmal auch nur von ein paar Tagen vergessen zu können.

Pritchard war weit hungriger als einsam, dennoch war es alles andere als einfach und brauchte viel Geduld und Überredungskunst, ihn dazu zu bringen, Milch aus einer Flasche zu akzeptieren. Bei der dritten seiner kurzen, aber zahlreichen Fütterungen jedoch waren wir bereits dicke Freunde, und ich sah die nächsten zehn Monate klar vor mir, mit dem Aufwärmen von Milchflaschen, langen Gesprächen und reichlich Bürsten und Fellpflege.

Wir beschlossen, Pritchard bei der Herde zu lassen. Obwohl er uns brauchte, wollten wir seine Identität als Teil der Gruppe erhalten. Oft war es schon fast Mitternacht, wenn ich den Hügel ein letztes Mal hinauflief, links und rechts eine Champagnerflasche mit warmer Milch unterm Arm. Pritchard tat nie auch nur einen Schritt auf mich zu. Stocksteif stand er da, wo auch immer er gerade war, und wartete, dass ich ihn fand. Manchmal war es einfach, dann wieder schien jedes rote Bullenkalb auf der Weide zu versuchen, ihn nachzuahmen: Ogmore, Jack, Horatio, alle standen sie reglos da wie er und erlaubten mir, ihnen in der mitternächtlichen Finsternis meine Milch anzubieten, wobei sie sich, wie ich mir gern vorstellte, ein amüsiertes Lächeln verkniffen. Manchmal stand Pritchard hinter einem Baum, und dort blieb er, bis ich ihn fand. Ich bin mir sicher, dass er sich nicht vor mir verstecken wollte, sondern nur wartete, im vollen Vertrauen darauf, dass ich ihn finden würde.

Pritchard war vier Monate alt, als die erste Miss Bumble, Pritchards Großmutter, eine winzige schwarze Tochter auf die Welt brachte, die wir Dot nannten. Miss Bumble hatte mehr Milch, als Dot trinken konnte, und so beschloss sie, ohne von uns dazu ermutigt worden zu sein, Pritchard zu adoptieren. Pritchards »Granny«, wusste, das nahmen wir jedenfalls an, wer er war, da ihre Tochter ihn ihr vermutlich vor ihrem Tod vorgestellt hatte. Da war sie jedoch trocken und konnte nichts tun, um zu helfen. Nachdem sie gekalbt hatte und wieder Milch produzierte, lud sie Pritchard nun also ein, ihn mit Dot zusammen großzuziehen. Dot und Pritchard wurden unzertrennlich, und Granny war ihnen eine wundervolle Mutter.

Mein Job als Aushilfsmutter ging noch eine Weile weiter, und ich bot Pritchard während der nächsten zwei Wochen zweimal täglich Milch an, aber er machte mir unmissverständlich klar, dass er auch nicht einen Tropfen mehr davon trinken würde. Er hatte sich jedoch daran gewöhnt, von mir gebürstet zu werden, und obwohl Granny ihm täglich das Fell leckte, gefiel es ihm, dass ich das auch weiter tat.

Ein kurzer Gedanke zum Schlafen

All die verschiedenen Worte und Ausdrücke, die wir Menschen für das Schlafen haben: dösen, ein Nickerchen machen, ausruhen, die Augen kurz schließen und so weiter, sie alle lassen sich auch für Kühe, Schafe, Hühner und Schweine gebrauchen.

Wenn sich Tiere völlig entspannt und sicher fühlen, in ihrem vertrauten Umfeld, umgeben von Familie und Freunden, schlafen sie oft flach auf dem Boden ausgestreckt. In einer Vielzahl amüsanter Positionen liegen sie da, wirken geradezu idyllisch entspannt und mitunter wie tot. Der Schlaf dauert manchmal nur eine sehr kurze Zeit, aber wir fühlen, dass er wichtig ist und dass die Tiere nicht gestört werden sollten. Es mag exzentrisch klingen zu behaupten, ein Tier sei übellaunig, weil es zu wenig Schlaf bekommen hat. Aber so lebensnotwendig Schlaf ist, so ungut ist es, wenn er einem geraubt wird. Defizite in ihrer Ernährung können die Tiere dadurch ausgleichen, dass sie sich auf die Suche machen und finden, was sie brauchen. Es ist dagegen an uns, die Bedingungen dafür zu schaffen, dass sie sich wohl und glücklich genug fühlen, um gut zu schlafen.

Einige unserer Kühe haben Hörner. Zum Teil wachsen sie nach unten, zum Teil gerade nach außen und in beachtlicher Länge, oder sie recken sich wie Heugabeln in die Höhe. Ich bin mir nicht sicher, wie sie es machen, aber wenn sich Kühe entscheiden, flach daliegend zu ruhen, kommen ihnen dabei nie ihre Hörner in den Weg.

Oft scheint eine Kuh oder ein Kalb tief zu schlafen, der ganze Körper, jeder Atemzug und die Augen deuten darauf hin, aber ein verräterisches, radarartiges Ohr widerspricht dem, dreht sich hin und her und überwacht und analysiert jeden Schritt, jedes Knistern und Ächzen rundum. So beruhigt kann ein noch tieferer Schlaf folgen, die mahlenden Kiefer halten inne, die Barthaare zucken nicht mehr, und die schläfrigen Augen verschwinden aus dem Blick. Zwei Minuten vergehen, oder drei, und die Antenne prüft erneut die Schwingungen in der Luft. Auf und ab und im Kreis, dieses instinktive Überlebensinstrument scheint fest darauf programmiert zu sein, bei drohendem Unheil ausreichend warnende Signale zu empfangen.

Befinden sich Kühe in einer Gruppe, die sie nicht allzu gut kennen, bevorzugen sie mitunter ein Nickerchen in einer sitzenden, verschränkten Stellung, bereit, innerhalb kürzester Zeit aufzuwachen und aufzuspringen. Gelegentlich ist es auch ein wenig beengt, und sie haben sich in eine kleine Lücke gedrängt, neben eine Freundin oder Verwandte, glücklich und sicher, aber ohne genug Platz, um sich auszustrecken. Dennoch wirken sie zufrieden, und ihre Augen weigern sich aufzubleiben, bevor sie fast versehentlich einschlafen.

Und es gibt natürlich etliche Abstufungen zwischen den Extremen. Viel hängt davon ab, ob die Tiere in der Scheune oder auf der Weide sind. Weht ein starker Wind, und selbst, wenn ihnen ganz sicher nicht kalt ist, werden sie sich wahrscheinlich nicht flach hinlegen, sondern eher eine interessante Position mit dem Kopf auf den Knien einnehmen, oder sie drehen die Köpfe wie eine Taube nach hinten. Viele Kühe benutzen ihre Freundinnen als Kopfstütze, und einige der älteren Kühe versammeln nachts ihre Kinder und Enkel um sich herum, besonders im Freien.

Haben Schweine ein behagliches, gut ausgestattetes Zuhause, werden sie sich bequem in die Erde wühlen und sich auf beneidenswerte Weise völlig dem Schlaf hingeben. Auch Schafe nehmen wie andere Tiere alle möglichen Positionen ein, allerdings habe ich sie nie so hingebreitet gesehen wie Kühe. Das liegt vielleicht daran, dass sie Angst haben, auf den Rücken zu rollen und nicht mehr hochzukommen. Wenn sie dann nicht gefunden werden, kann es tödlich für sie enden. Hennen stecken nachts oft auf bewährte Vogelmanier den Kopf ins Gefieder. Tagsüber können sie bisweilen den Eindruck erwecken, sie schlafen, obwohl sie sich einfach nur den Wonnen eines Sonnenbades hingeben. Dazu spreizen sie die Federn weit aus, um möglichst viel Sonne abzubekommen, kippen wie betrunken auf die Seite, um ein Bein auszustrecken, und genießen in dieser unbequem wirkenden, steifen Haltung lange, reglose Entspannungsphasen.

Wenn jegliche Art von Gefahr spürbar ist, schläft niemand. Ist diese Gefahrenquelle noch weit entfernt, sagen die Kühe ihren jungen Kälbern, dass sie ruhig schlafen können, während die älteren Tiere Wache halten. So scheint es mir zumindest nach jahrzehntelanger Beobachtung.

Die Sicherheit und Stabilität durch große Familiengruppen hat weitreichende Vorzüge. Unter stressreichen

Bedingungen, wenn um Futter gerungen wird, es nicht genug Platz und zu wenig Wassertröge gibt, scheinen Tiere sehr viel schneller Opfer von Krankheiten zu werden. Umgekehrt bedeutet das augenscheinlich, dass ein entspanntes Leben mit Zugang zu ausreichend Futter und Wasser und dem beruhigenden Wissen, Freunde und Verwandte in der Nähe zu haben, einen Schutzwall gegen Unwohlsein und Krankheit bildet.

Verschiedene Arten zu muhen

Etwas, was die verschiedenen Studenten und Mitarbeiter bei uns auf der Farm über die Jahre immer interessiert hat, ist, zwischen den verschiedenen Arten zu muhen unterscheiden zu lernen. Einige sind stolz darauf, nach relativ wenigen Erfahrungen und Erklärungen richtige Entscheidungen getroffen zu haben, weil sie ein bestimmtes Muhen als dringlich erkannt haben. Kühe muhen aus unterschiedlichen Gründen und manchmal auch ohne (offensichtlichen) Grund.

Eines Tages kam ein Mann, der erst seit Kurzem bei uns war, in die Küche gelaufen, um mir zu sagen, da muhe eine Kuh sehr laut und aufgeregt, ob ich nicht mit ihm kommen könne, um zu sehen, was nicht stimme. Da die Küche zu verlassen in dem Moment bedeutet hätte, dass meine Plätzchen angebrannt wären, drängte ich ihn, seine bis dahin ungenutzten Fähigkeiten anzuwenden und mir die Kuh und ihr Muhen genauer zu beschreiben. Ich wollte wissen, um wen und was es sich handelte, und entschied, dass die betreffende Kuh nicht wirklich in Nöten war, sondern nur verärgert, weil sie ihr Kalb im Moment nirgends sah. Also beschrieb ich dem Mann das Kalb haargenau, worauf er in der Lage war, die beiden wieder miteinander zu vereinen.

Wie schon gesagt, muhen Kühe aus den unterschiedlichsten Gründen: aus Angst, Unglauben, Wut, Hunger oder einer Not heraus. Zudem hat jede Kuh ihre eigene Weise, eine Frage zu stellen, entweder mit einem bloßen Blick oder eben einem merkwürdigen, leisen Muhen.

Irgendwann nach Mitternacht in einer sehr kalten Nacht im Februar wurde ich vom Muhen einer Kuh aus einem tiefen, erschöpften Schlaf gerissen. Es war kein verdrossenes oder gelangweiltes Muhen, kein Ausdruck von Hunger oder Schmerz, dieses Muhen signalisierte vielmehr absolute Dringlichkeit. Eine Dringlichkeit, die mich nicht nur wecken, sondern auch sofort aus dem Bett und nach draußen holen sollte. Ich wusste in dem Moment noch nicht, dass es Araminta war. Mir war nur klar, dass ich mich beeilen musste wegen dieser Kuh und damit nicht auch noch der Rest der Familie geweckt wurde.

Ich packte meinen Bademantel, tastete mich in aller Eile die hintere Treppe hinunter, weiter in den Keller, zog die Gummistiefel an, für Socken war keine Zeit, hörte es regnen, nahm meinen Regenmantel, rannte die Stufen hinauf und den Pfad hinunter und versuchte, mir den Mantel zuzuknöpfen, während ich mich gleichzeitig von den Büschen links und rechts leiten ließ. Araminta muhte noch immer. Dass sie aufhörte, war mir wichtiger als eine Taschenlampe, und so hielt ich auf ihr Muhen zu. Die Nacht war sehr, sehr finster, fast pechschwarz. Ich befühlte und erkannte sie. Ihr Euter war voller Milch, und ich führte sie in den Pferch und hoffte, sie würde zu rufen aufhören, wenn der Druck in ihrem Euter nachließ. Ich überlegte, dass ihr Sohn, The Don (in Erinnerung an Sir Donald Bradman, den famosen Cricketspieler), entweder krank oder tot sein musste, weil den ganzen Tag über niemand von ihrer Milch getrunken hatte. Im Übrigen war klar, dass sie nicht nur wegen ihres vollen Euters so muhte, sondern weil ich etwas wegen ihres Sohnes unternehmen sollte, was sie nicht konnte.

Als ich sie gefüttert und gemolken hatte, nahm ich eine Taschenlampe und erklärte ihr, dass sie mir zeigen solle, wo The Don sei. Wenn Kühe unsere menschliche Intelligenz anerkennen, neigen sie zu dem Fehler, davon auszugehen, dass wir alles wissen. Als ich den Pferch öffnete und Araminta hinausschob, sah sie mich nur an. Ich fürchtete, sie könnte wieder zu muhen beginnen, um mich daran zu erinnern, dass ich ihrem Sohn helfen müsse, und so drückte ich sie auf sachliche, bestimmte Weise in eine Richtung, als wüsste ich, wohin es ging. Vertrauensvoll folgte sie meinen Anweisungen. Nach etwa fünfzig Metern blieb ich stehen, sie auch, und ich drehte sie sanft herum und schob sie in die Richtung, aus der wir gekommen waren. Da endlich begriff sie, dass ich keine Ahnung hatte, wohin wir sollten, drehte um und marschierte mit doppeltem Tempo in unsere ursprüngliche Richtung. Ich folgte ihr.

Wir fanden The Don drei Weiden weiter. Er stand aufrecht da und schaute recht jämmerlich drein. Sein Bauch war schlimm aufgebläht, was durchaus zu einem plötzlichen Tod führen kann. Er wollte sich nicht vom Fleck bewegen, doch ich zwang ihn nach Hause. Seine Mutter ging neben ihm, und als wir den Hof erreichten, stellte ich ihn in den Klauenstand, damit er ruhig blieb, und holte den langen Gummischlauch, den wir für solche Fälle parat haben. Mit der Linken öffnete ich sein Maul, führte den Schlauch langsam in die Speiseröhre ein und schob ihn bis hinunter in den Magen. Das Ende des Schlauches in der einen Hand, massierte ich mit der anderen die Seite seines Magens, bis sich die eingeschlossene Luft schließlich entlud.

Ich konnte The Don in dieser Nacht helfen, und er und seine clevere alte Mutter kuschelten sich nebeneinander ins Stroh der Scheune, damit war das Problem aber noch nicht gelöst. Mit Zustimmung des Tierarztes führten wir diese Prozedur wieder und wieder durch, doch am Ende war es nötig, den Patienten einer kleinen Operation zu unterziehen. Danach erholte sich The Don vollständig, wenn auch erst nach fast zwei Monaten. Seltsamerweise schien er während der gesamten Tortur völlig glücklich. Fühlte er sich unwohl, hörte er auf zu fressen und zu trinken, blieb aber unbekümmert und verhielt sich schon Minuten nach der Behandlung wieder, als wäre nichts geschehen.

Kühe treffen gute Entscheidungen

Wie ich bereits erwähnte, hieß Old Fat Hats erste Tochter Bonnet, und Bonnet schenkte uns elf Kälber, von denen Roan Bonnet, Little Bonnet, Peter Bonetti und Gold Bonnet besonders bemerkenswert waren. Roan Bonnets erstes Kalb war der Bishop of Durham. Aus irgendeinem Grund nahm sie die Mutterschaft nicht zu ernst, und obwohl sie das meiste richtig machte, das Säugen, das Fell-Lecken und das Bei-ihm-Bleiben, war sie doch etwas halbherzig bei der Sache, ganz eindeutig nicht sehr behütend, und sie hatte auch nur wenig Milch.

So war Durham zwar mental ausgeglichen, aber ziemlich klein, und er wuchs nur langsam. Wir beschlossen, dass er zusätzliches Futter brauchte. Weil es bereits Spätherbst war und mit dem Gras auf der Weide auch nicht mehr viel her, bekam Durham einmal am Tag selbst angebaute Gerste und nur für sich allein, von den anderen getrennt, ausreichend Heu. Sehr bald schon kannte er den Unterschied nicht nur zwischen Männern und Frauen, sondern auch zwischen durchaus ähnlich gebauten Männern. Nie bat er dieselbe Person an einem Tag zweimal um Futter, aber wenn ein anderer auf ihn zukam, versuchte er so zu tun, als hätte er noch nichts bekommen. Womit er durchaus Erfolg hatte. Nach Durham bekam seine Mutter den Earl of Warwick und dann den Duke of Lancaster, von dem es später noch zu berichten geben wird.

Wir haben über die Jahre immer wieder festgestellt, dass Rinder, wenn sie unter den richtigen Bedingungen leben, sehr gute Entscheidungen treffen. Sie brauchen nur ständigen Zugang zu einem Unterschlupf, reines Wasser und gutes Futter, Stressfreiheit und Stabilität. Wenn der Wetterbericht Regen vorhersagt, das Vieh jedoch darauf besteht, mitten im Winter draußen auf den offenen Weiden zu bleiben, oder wenn es Mitte Juni bei schönem Wetter zur Scheune kommt und hereingelassen werden will, schenken wir dem am besten Beachtung. Eines Juniabends drängten alle herein, und schon brach ein gewaltiges Unwetter los, das alle überraschte. Stunden später, um halb zwei morgens, wurde es trocken und sehr mild, und alle waren entschlossen, wieder hinaus grasen zu gehen. Lautstark gaben sie ihrem Wunsch Ausdruck, laut genug, dass sämtliche Dörfer rundum aus dem Schlaf hochschrecken würden. Eilig standen wir auf, brachten die Herde die Straße hinunter auf eine interessantere Weide und wurden von einem staunenden Polizisten angehalten und befragt, warum wir um diese Zeit mit den Kühen unterwegs waren. Was uns in Versuchung brachte zu sagen, dass wir nur unseren gewohnten nächtlichen Spaziergang machten.

Ich habe bereits gesagt, wie wichtig es ist, dafür zu sorgen, dass Tiere immer Zugang zu einem geschützten Ort haben. Das können Bäume sein, Böschungen, Mauern und Scheunen. Und Hecken, die den wichtigsten und vielseitigsten natürlichen Schutz bieten.

Viele Schriftsteller, früher wie heute, schrieben und schreiben in lyrischer Form über die vielen Zwecken dienenden Hecken. Jede alte Hecke hat eine Geschichte zu erzählen, wobei sich nach genauerer Untersuchung sagen lässt, wann sie gepflanzt wurde. Und natürlich kann man auch schließen, warum.

Der Wahnsinn, den es bedeutet, die Felder und Wiesen begrenzenden Hecken zu entfernen, kann nicht deutlich genug hervorgehoben werden. Die unzähligen zerstörten Kilometer Hecke sind weit mehr als ein bloßer visueller Verlust: Verschwunden sind auch die bernsteinfarbenen, weißen und rosa Rosen, die im Mai und Juni von den obersten Ästen herunterhingen, und die Beeren in allen nur erdenklichen Farben. Unzählige Arten sind auf diese »kleinen Streifen durchgebrannten, ausgelassenen Waldes« angewiesen, wie Wordsworth sie nannte. Vögel finden Wolkenkratzer-Schlafsäle in ihnen und vielschichtige Nistplätze, ganz zu schweigen von der lebenserhaltenden Vorratskammer für den Winter. Eine Hecke, die alt genug ist, versorgt uns mit Hagebutten, Pflaumen, Holunderbeeren, Holzäpfeln, Weiß- und Rotdorn, Nüssen, Schlehen, Eicheln, Eschenfrüchten und Geißblatt. Ängstliche Kreaturen suchen eine sichere Zuflucht in ihnen, schlüpfen durch dornige Brombeerumrandungen und entfliehen so dem furchtlosen Dachs. Auch Kaninchen, Haselmäuse und Erdmäuse finden hier ein Versteck und wehrlose auf dem Boden nistende Vögel eine erhöhte Chance zu überleben.

Als wir auf unsere Farm zogen, um hier zu leben, gab es zwei parallele Hecken auf beiden Seiten eines drei Meter breiten Fahrweges. Sie waren drei, vier Meter hoch. Heute, zwanzig Jahre später, sind sie zehn bis dreizehn, vierzehn Meter hoch, ragen über die Straße und sind wie eine Scheune. Die Kühe wissen genau, wo diese »Scheune« ist, und nutzen sie im Winter als Schutz vor der Kälte und im Sommer, um der Hitze zu entfliehen.

Mit dem Regen zurechtzukommen steht auf dem Lehrplan der Kühe, ist aber nicht immer leicht. Eine Gruppe reifer Tiere hält enorme Mengen Regen aus und scheint ihn mitunter gar nicht zu bemerken, und in einer gemischten Gruppe mit sehr jungen Kälbern begreifen einige der weniger erfahrenen Mütter nicht immer, dass ihr Nachwuchs mehr Schutz braucht als sie selbst. Aber die schlauen Alten, die wissen es, und bringen ihre Kälber in die Scheunen, in den Schutz eines Baumes oder einer Hecke.

Einige ausgewachsene Schafe mit ihrer wetterfesten Wolle mögen kalten Wind und wandern zu den höchsten, ungeschütztesten Teilen der Farm, um förmlich darin zu schwelgen. Lang andauernder Regen ist jedoch nicht ihre Sache, und wenn sie Lämmer dabeihaben, ist Vorsicht geboten. Lämmer können während der ersten Wochen ihres Lebens recht empfindlich sein. Zwar verkraften die meisten kaltes und nasses Wetter, doch es verlangt ihnen viel von der Energie ab, die sie durch die Milch ihrer Mütter bekommen. Ihnen einen Schutz zu bieten, ist deshalb neben menschlichen auch aus wirtschaftlichen Erwägungen wünschenswert.

Ganz allgemein haben wir herausgefunden, dass Lämmer noch findiger sind als Kälber, wenn es darum geht, bequeme, geschützte Plätze zu finden. Sehr junge Lämmer requirieren noch das letzte Stückchen Stroh, flüchten sich in einen Schuppen oder einen provisorischen Unterschlupf. Wenn sich nichts Geeignetes findet, versuchen sie ihr Los mit allem, was ihnen einfällt, zu verbessern. Dafür klettern sie auch auf Baumstümpfe, einen daliegenden Baumstamm, in einen hohlen Baum oder auf den Rücken ihrer Mutter – alles, um es trockener und behaglicher zu haben als auf dem Boden.

Zu den Entscheidungen, die Tiere ständig zu treffen haben, gehört die Auswahl ihres Futters. Sie stöbern und fressen sich durch alle möglichen Gräser, Kräuter, Blumen, Hecken- und Baumblätter, die ihrer täglichen Ernährung wichtige Spurenelemente hinzufügen, und das in den Mengen, die sie für richtig halten. Das könnten wir niemals so gut wie sie.

Alle Tiere sind Individuen. Massen-»Verordnungen« für die gesamte Herde in Bezug auf das Futter mögen sich für die Mehrheit eignen, aber uns sind auch die Minderheiten wichtig, und es ist nicht nur den Bedürfnissen angepasst und effizienter, die Tiere selbst entscheiden zu lassen, sondern auch billiger. Wir beobachten Kühe und Schafe, die die außergewöhnlichsten Pflanzen zu sich nehmen, und das in gewaltigen Mengen.

Kühe fressen kubikmeterweise dunkelgrüne, bösartig aussehende Brennnesseln und Schafe oft spitze, stachelige Distelspitzen oder hart aussehenden Sauerampfer, besonders nach dem Lammen, wenn ihre Energiereserven aufgebraucht sind. Und das auch, wenn sie Zugang zu gutem, frischem Gras haben.

Bei einem Schaf habe ich so etwas nie erlebt, aber Kühe fressen nach einer Geburt oft einen ganzen Tag lang nichts. Schafmütter dagegen grasen meiner Erfahrung nach ohne Ausnahme schneller und unbeirrbarer als je zuvor, da sie wissen, dass sie genug Milch produzieren müssen, um den nicht nachlassenden Durst ihres Nachwuchses zu befriedigen. Wenn Kühe ein kleines Kalb zur Welt gebracht haben, wissen sie, dass sie genug Milch »in der Hinterhand« haben, verbringen den ersten und vielleicht auch noch den zweiten Tag mit ihrem Neuankömmling unter einem Baum und lassen es ruhig angehen. Abends grasen sie ein wenig, doch das ist nichts im Vergleich zu ihrem üblichen täglichen Konsum.

Eine besonders hilfreiche Sache, die wir herausgefunden haben, ist, dass Tiere, die sich verletzt haben, gern große Mengen Weidenblätter fressen. Wir vermuten, dass das mit dem daraus gewinnbaren Aspirin zu tun hat. Wenn keine Weide in erreichbarer Nähe ist, schneiden wir Äste herunter und bringen sie den Betroffenen, die sich eifrig darüber hermachen, manchmal über mehrere Tage. Ist es genug, und sie brauchen die Zweige und das Laub nicht mehr, wenden sie sich davon ab.

Desdemona II., eine Enkelin von Dizzy, oder die Schwarz-Weiße Desdemona, als die sie allgemein bekannt war, fraß Gras lieber als alles andere. Alles war gut im Sommer, als sie geboren wurde, und auch im Herbst und dann wieder im Frühling. Aber im Winter, ganz gleich, wie bitter und eisig das Wetter war, wenn alle anderen nur zu gerne in den Scheunen blieben, stand sie am Tor und starrte darauf, bis wir begriffen, was sie wollte, und es aufmachten. So auf freiem Fuß, trottete sie vielleicht einen Kilometer davon und graste den ganzen Tag allein vor sich hin, wobei sie gelegentlich in Gesprächsnähe bei den Schafen vorbeisah, die ebenfalls bei so gut wie jedem Wetter lieber draußen sind. Sie wollte einfach kein Heu oder Stroh, keine Gerste und auch keine Äpfel: Sie fraß nur Gras. Natürlich konnte sie mit dem Gras im Winter nicht zunehmen, aber sie war sehr zufrieden. Spätnachmittags kam sie zurück, bat darum, wieder hereingelassen zu werden, und verbrachte die Nacht mit Mutter, Schwester, Großmutter und Cousinen. Im zweiten Winter dann hatte sie gelernt, Heu zu fressen, zog Gras aber immer noch vor und verbrachte den Großteil der Tage draußen, egal, wie das Wetter war.

Sehr junge Kälber »bleiben im Bett«, wenn sie sich

nicht gut fühlen. Selbst, wenn die Mütter zum Grasen hinausgehen und sie rufen, bleibt manches Kalb, wo es ist, und die Mütter kommen in regelmäßigen Abständen, um nach ihnen zu sehen. Eines der pfiffigsten Beispiele für ein Kalb mit einem gesunden Kuhverstand war Chippy Minton.

Chippys Mutter war unerfahren und hatte ihn an einem Dezembermorgen mit hinaus auf die Weide genommen. Dort beschloss Chippy, dass er lieber in der warmen Scheune sein wollte, und verließ mit seinen sechs Tagen die Mutter und den Rest der Herde und trottete nach Hause, fast einen Kilometer weit. Zum Glück sahen wir ihn den Hügel herunterkommen und konnten ihn angemessen versorgen. Er hatte sich eine leichte Erkältung geholt und dazu Durchfall, musste rehydriert und gesäugt werden. Es war zu der Zeit, dass er eine Vorliebe für die Fellpflege entwickelte: Er hasste es, mit schmutzigen Beinen schlafen zu gehen.

Rinderfreundschaften sind selten zwanglos

Es ist absolut normal, tatsächlich die Norm, dass Kälber schon mit ein paar Tagen lebenslange Freundschaften schließen. Manchmal bilden drei kurz nacheinander geborene Kälber eine Gruppe, öfter jedoch sind es

Zweier-Freundschaften, für gewöhnlich zwischen den beiden, die sich vom Alter her am nächsten sind. Die White Boys sind ein Paradebeispiel dafür.

Nell brachte ein blendend reinweißes Bullenkalb zur Welt. Juliet kalbte tags darauf, und ihr Nachwuchs war genauso weiß. Wir hatten noch nie so weiße Kälber gehabt – grau, ja, cremefarben, ledern, gebrochen weiß, silbrig, golden, aber nie reinweiß. Nells Kleiner zockelte hinüber, um Juliets Kalb zu begrüßen, und starrte es an, als sähe er in einen Spiegel. Die beiden mochten sich und waren von diesem Moment an unzertrennlich. Die Mütter, die damit nicht mehr ganz so wichtig im Leben ihres Nachwuchses waren, wurden ebenfalls beste Freundinnen, waren sie doch gezwungen, die meiste Zeit zusammen zu verbringen, immer in Reichweite, um mit ihrer Milch zur Stelle zu sein. Nell und Juliet hatten zwar beide ihre eigenen Kindheitsfreundinnen, doch die Umstände brachten sie nun zusammen. Als beide ein Jahr später wieder kalbten, gab es absolut keine Eifersucht, kein Drama. Die White Boys hatten einander und bemerkten kaum, dass ihre Mütter die Weide verließen und näher zum Hof auf die Kinderweide kamen. Nell und Juliet blieben Freundinnen, jetzt mit ganz normalen Kälbern, einem roten und einem weißlichen.

Die White Boys lebten in ihrer eigenen Welt, mitten

in der großen Herde, doch ohne sie näher wahrzunehmen. Schulter an Schulter wanderten sie herum, stießen oft gegeneinander und legten die Köpfe zum Schlaf auf den Körper des anderen. Sie waren herrlich: groß, sanft, unabhängig, nett, wenn auch nicht überfreundlich. Eine Pracht. Einer hatte eine rosa Nase, der anderen eine graue.

Eine weniger auffällige, jedoch ähnlich enge Freundschaft gab es sechs Jahre zuvor zwischen der Schwarz-Weißen Charlotte (der Tochter von Charolais Charlotte) und Guy (Dizzys Sohn). Sie war ganz schwarz mit einem weißen Schwanz und er von einem eleganten stumpfen Grau, ebenfalls mit einem weißen Schwanz. Guy war ein Nachkomme der Discounts, Charlotte eine Highnoon.

Rinderfreundschaften sind selten zwanglos. Hinwendung ist die Devise, wobei es hauptsächlich um praktische gegenseitige Hilfe geht und es selten übertrieben anhänglich wird.

Charlotte und Guy verstanden sich prächtig, hatten beide aber auch noch andere Freunde. Wurden sie getrennt, weil sich die grasende Herde aufteilte und ihre Mütter mal hierhin und mal dorthin wanderten, gab es kein Nacheinander-Schmachten, aber doch immer ein freudiges Wiedersehen, wenn die Herde wieder zusammenfand. (Anne und Helen, erinnere ich mich, küssten sich sogar nach einer ungeplanten einwöchigen Trennung. Da waren sie beide drei Monate alt.) Die Freundschaft verlor sich, als Charlottes Mutter starb und sie für ihre kleine Schwester Lotte die Mutterrolle übernahm. Lotte war eine kleinere Version ihrer großen Schwester, ebenfalls schwarz und mit einem weißen Schwanz, aber sie hatte Hörner, während Charlotte von Natur aus hornlos war. Charlotte kümmerte sich so liebevoll und sanft um Lotte, dass die Kleinere das Trauma des Verlusts so gut wie unbeschadet überstand, und als Charlotte dann ihr erstes eigenes Kalb bekam, wurde Lotte zu einer unbezahlbaren Tante.

Charlotte war allerdings keine geborene Mutter. Ihre bezaubernde, völlig schwarze, an den Iden des März auf die Welt gekommene und nach Cäsars Frau Calpurnia benannte Tochter (wobei sie sofort den Spitznamen Cocoa abbekam) durfte nicht an die Milch ihrer Debütantinnen-Mutter, sondern wurde von dieser stante pede an ihre »Nanny« verwiesen, die sich um das Balg kümmern sollte. Die »Nanny« war mein Bruder. Er legte Charlotte geduldig einen Halfter an und überredete sie, stillzustehen, während Cocoa trank. Ihre protestierenden Tritte steckte er selbst ein, um das Kalb zu schützen.

Cocoa liebte ihre Mutter (sie bekam nie einen ihrer Tritte ab, wodurch die Liebe womöglich einen Knacks bekommen hätte). Cocoa trank dreimal am Tag, wurde von uns allen geliebt, gestreichelt und gestriegelt, von Lotte sehr lieb behandelt und fand das Leben wundervoll. Mütter, muss sie gedacht haben, geben dir Milch, wenn man sie dazu zwingt, und die Menschen lieben und schützen dich.

Charlotte wies die liebenden Annäherungen ihrer Tochter nicht zurück, sondern schien sie einfach nicht zu bemerken. Cocoa schmiegte sich unter ihr Kinn und gab ihr gelegentlich einen spielerischen Stoß, und Charlotte sah in die Ferne. Sie grasten und schliefen immer sehr nahe beieinander, doch das ging nicht von Charlotte aus.

Cocoa war eine wirkliche Schönheit und der Liebling von allen. Sie liebte alle zurück und freute sich über die Beachtung. Selbst die Männer, die auf der Farm arbeiteten und in jenen Tagen nicht unbedingt für ihre offene, liebevolle Art bekannt waren, nahmen sich die Zeit, sie kurz zu tätscheln, so beschäftigt sie auch waren.

Als Calpurnia etwas über zwei Monate alt war, änderte sich mit einem Schlag alles. Sie riskierte es, sich einen Schluck zu genehmigen, als wir nicht da waren, und Charlotte schien sie zum ersten Mal wirklich zu bemerken, hielt sie ganz offenbar für wundervoll und machte uns eindeutig klar, dass sie vorhatte, sich zukünftig allein um ihre hübsche Tochter zu kümmern. Von dem Tag an leckte, putzte und säugte sie ihre Tochter in eigener Regie.

Die Beziehung der beiden war für uns besonders interessant zu beobachten, weil Cocoa sich so sehr an die Menschen gewöhnt hatte und so freundlich und offen war, dass wir an all dem teilhaben konnten, ohne uns aufzudrängen.

Als Charlotte fünfzehn Monate später ein Bullenkalb bekam, Cassio, war Cocoa zur Stelle, um zu helfen. Sie stellte sich über ihn, beschützte ihn vor anderen neugierigen Kühen und passte auf ihn auf, wann immer es erforderlich war. Selbst als Cassio ausgewachsen war und Kalb Nummer drei, Carline, ins Zentrum des Interesses rückte, sah man Cocoa und ihn oft zusammen, wie sie sich etwas Heu teilten. Charlotte, aber das muss hier nicht extra erwähnt werden, vergaß nie wieder, was eine gute Mutter ausmacht. Sie war eine der besten.

Aber Bullen sind ganz was anderes

So bereichernd und interessant es ist, mit Kühen zusammenzuleben: Bullen sind noch mal etwas ganz anderes.

Einmal hatten wir drei Bullen in etwa demselben Alter: den Bishop of Gloucester, einen Welsh Black; den Bishop of Worcester, einen Lincoln Red; und Augustus, einen

Charolais. Irgendwann wurde es notwendig, Gloucester von den anderen zu trennen, und er kam zu einer Gruppe Kühe in die Nähe des Hauses. Worcester und Augustus verstanden sich gut, ich glaube, sie mochten sich, und ganz sicher kämpften sie nie gegeneinander. Augustus hielt sich zweifellos für den Wichtigeren, aber Worcester störten die gelegentlichen Primadonna-Allüren seines Kollegen nicht. Dann, nachdem die Bullen einige Monate getrennt waren, kam es zu einem Zwischenfall.

Wir hatten einen jungen Studenten, der auf der Farm aushalf. Er hatte vielerlei Dinge zu tun, und wir hatten ihm klipp und klar gesagt, dass er keinesfalls das Tor zu der Einfriedung, in der Gloucester sich aufhielt, öffnen dürfe. Dem Bullen wurde nicht erlaubt umherzustreifen. Irgendwann kam dann allerdings der Student ins Haus gerannt und erklärte keuchend, Gloucester habe während der paar Minuten, da er es für sicher gehalten habe, das Tor offen zu lassen, die Gelegenheit zur Flucht ergriffen. Das war schon einmal passiert, und ein befreundeter Schauspieler hatte angeboten zu helfen: Er war dem Flüchtenden hinterhergeeilt und mit dem Gesicht im Matsch gelandet (daher unsere klaren Regeln). Ich lief den Pfad hinauf, noch in meinen Pantoffeln, und rief Befehle in Richtung des Studenten, er solle umgehend meinen Bruder holen.

Ich wusste, diesmal würde es ernster werden, und ich

wusste auch, wohin Gloucester unterwegs war: Augustus hatte schon den ganzen Morgen mit tiefer, bedrohlicher, halb gelangweilter, halb knurriger Stimme gebrüllt, was Gloucester gehört und aufgeregt hatte. Gloucester lief den steilen Pfad hinunter auf die große Wiese. Ich sprang in den Land Rover und raste den Weg zwischen den Bäumen entlang, schneller als je zuvor. Die Buckel rüttelten und schüttelten mich durch, der Wagen bockte, und ich wagte gar nicht erst daran zu denken, dass ich in der völlig aufgeweichten Erde stecken bleiben könnte. Ich schoss durchs Tor in den Wald und schaffte es gerade rechtzeitig, vorm Gatter der Bullenweide zu parken. Buchstäblich Sekunden später kam Gloucester herangaloppiert.

Augustus scharrte auf seiner Seite des Gatters mit den Hufen, Gloucester schnaubte und scharrte auf meiner Seite. Worcester machte jede einzelne von Gloucesters Bewegungen nach, aber ohne allzu große Überzeugung.

Wenn sie einander ebenbürtig sind, kämpfen Bullen so lange, bis sie nicht mehr können. Das tun sie nicht, wenn sie als Kameraden aufwachsen oder ein junger, noch sehr kleiner Bulle mit einem alten zusammenkommt und sie beieinander bleiben. Werden Bullen jedoch getrennt und treffen dann wieder aufeinander, bebt die Erde, und wenn man nicht gerade ein Betäubungsgewehr dabeihat, lässt sich nichts dagegen tun.

Ich wusste, ich musste die beiden auseinanderhalten, bis Verstärkung kam. Ich lief auf und ab, knurrte, wenn sie knurrten, drohte, wenn sie näher kamen, und redete ihnen gut zu, wenn sie sich wieder ein Stück zurückzogen. Ich hatte mich nie entschlossener gefühlt. Die Folgen, sollte ich versagen, würden schwer zu ertragen sein.

Die beiden Männer kamen eine Ewigkeit später, etwa fünf Minuten, und wir machten uns daran, Gloucester zurück nach Hause zu schaffen. Um Augustus abzulenken, warfen wir Heu vom Land Rover über den Zaun und führten Gloucester mit stählernem Willen, Eschengerten und unvorstellbar erfindungsreichem Rufen und Brüllen den Weg zurück. Vieh zu treiben, ist eine ganz eigene Kunst, über die sich lange diskutieren lässt und bei der man im besten Fall mehr auf Psychologie vertraut als auf Stärke.

Gloucester trottete voran, von unserem Einsatz und Nachdruck auf dem falschen Fuß erwischt, machte aber nach fünfzig Metern einen geschickten Umkehrversuch. Er war sehr aufgeregt, sehr stark, sehr fit und sehr schnell. Aber irgendwie zeigte unsere zum Äußersten entschlossene Art Wirkung, und wir machten weitere Meter gut. Wie redeten mit ihm, ermahnten ihn, drohten und erklärten ihm, er solle uns gehorchen, wenn er am Leben bleiben wolle. Gloucester glaubte uns kein

Wort. Er stampfte und stoppte, galoppierte los, bremste ab, wollte nicht weiter, schnaubte und gab den Geschlagenen – so näherten wir uns allmählich dem Hof und schafften es am Ende gerade so. Jede unserer Sehnen, körperlich wie mental, war bis aufs Äußerste gespannt. Wie leicht hätte er uns davonrennen und übertölpeln können, aber vielleicht war es seine ihm eigene Neigung, uns zu trauen, verbunden mit unseren ungewohnt fieberhaften Gesten und Worten, die es uns ermöglichte, ihn in die Scheune zu bekommen. Die Spannung fiel von uns ab, wir lachten, brachen zusammen, ekstatisch, immer noch aufgewühlt, aber triumphierend. Kurzbeinig, wie er war, gelang es Gloucester jedoch, ein anderes Gatter zu überwinden, und schon war er wieder unterwegs in den Wald. Ein weiteres Gatter hielt ihn auf, und sein Innehalten gab uns die Chance, ihn aufs Neue einzufangen.

Die Bullen trafen nie wieder aufeinander. Gloucester hatte seine Herde und die beiden anderen ihre. Wachsamkeit regierte, die Harmonie war wiederhergestellt.

Fat Hat II

Alle Tiere sind Individuen. Einige drängen sich einem mit ihren Eigenarten auf, andere leben ihr Leben eher unauffällig. Je besser man ein Tier kennt, desto leichter kann man ihm helfen. Wenn man weiß, wie es unter bestimmten Umständen reagiert, ist man vorbereitet. Wer beobachtet, wie ein Tier im täglichen Leben seine Bedürfnisse ausdrückt, kann ungewohnte Situationen viel leichter interpretieren und entsprechend handeln. Und man weiß, welche der Tiere gut sich selbst überlassen werden können.

Die Dinge, die wir immer wieder beobachten können, spielen auf den ersten Blick vielleicht gar keine wichtige Rolle im alltäglichen Leben der Tiere. Wahrscheinlich geschehen die interessanteren, bedeutenderen Dinge sowieso dann, wenn wir nicht dabei sind. Dennoch haben unsere Beobachtungen unser Bewusstsein dafür geschärft, wie intelligent unsere Tiere sind, und ermöglichen es uns, manchmal Dinge vorauszusehen und dadurch Leid zu vermeiden – und gelegentlich auch Leben zu retten.

Fat Hat II, für gewöhnlich philosophisch, freundlich, sanft, intelligent und arglos, wurde durch die Geschehnisse während und nach der Geburt ihres zweiten Kalbes heftig auf die Probe gestellt, und sie verwandelte sich vorübergehend in eine andere.

Ihr erstes Kalb, der Duke of York, war ein unkomplizierter, stämmiger Kerl mit wenig charakteristischen Kennzeichen, einmal abgesehen von seinen kurzen Beinen, die er von seiner Mutter geerbt hatte, und dem Umstand, dass er im Gegensatz zu den meisten Rindern trank wie ein Katze: Er schleckte das Wasser wie Milch von einem Teller. Diese seltsame Eigenschaft hatten wir zuvor nur ein einziges Mal beobachtet, als Print, eine reinrassige Ayrshire, immer zehnmal länger als alle anderen Kühe brauchte, um ihre tägliche Wasserration zu trinken. Ohne jede Eile schlabberte sie es in sich hinein.

Print, die in jeder anderen Hinsicht völlig normal war, die Mutter zweier Bullenkälber namens Victor und Feather, empfand eine starke Abneigung gegen die kleine Wollmütze, die einer unserer Männer ständig auf dem Kopf trug. Geradezu liebevoll trat sie an ihn heran, ließ sich von ihm streicheln, und dann, wenn sie ihre Möglichkeit gekommen sah, pflückte sie ihm die Mütze mit dem Maul vom Kopf und warf sie vorsichtig ins Stroh. Wie oft er sie sich auch wieder aufsetzte, sie holte sie ihm stets aufs Neue herunter und wurde des Spielchens nie müde. Er seinerseits weigerte sich entschlossen, die Mütze zu wechseln, und Print zeigte an keiner anderen Mütze Interesse.

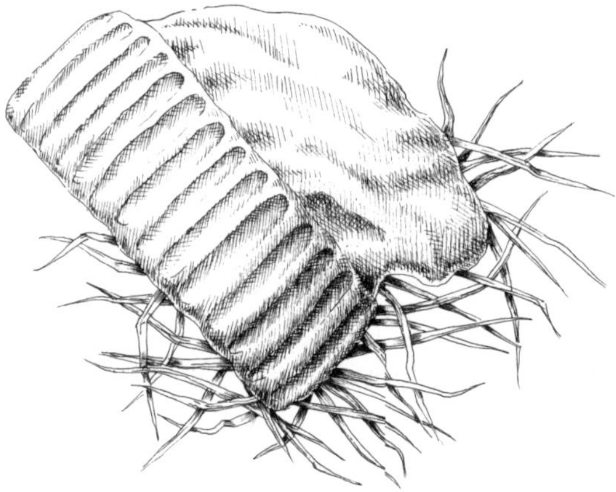

Als Fat Hat kurz davorstand, zum zweiten Mal zu kalben, verschwand sie aus irgendeinem Grund unbemerkt im Wald. Als wir das nächste Mal wieder auf die Weide kamen, auf der wir sie zuletzt gesehen hatten, waren einige Stunden verstrichen und sie graste wieder friedlich vor sich hin. Fast hätten wir gar nicht bemerkt, dass sie gekalbt hatte. Sie sah gut aus, nicht einmal irgendwie dünner, dennoch argwöhnten wir, dass etwas geschehen war. Wir versuchten sie dazu zu bringen, uns zu sagen, ob sie gekalbt hatte, und wenn, wo das Kalb war. Aber sie tat so, als verstünde sie uns nicht. Wir versuchten es mit verschiedenen Taktiken, die bei anderen Kühen funktioniert hatten, doch sie wirkte seltsam gleichgültig, abwesend und unkommunikativ. Wir brachten sie auf den Hof, um sie zu untersuchen, und als klar war, dass sie tatsächlich gekalbt hatte, war es an der Zeit, dass sie uns mehr erzählte.

Wir führten sie zurück auf die Weide und versuchten, sie dazu zu bringen, ihren früheren Abstecher noch einmal zu wiederholen. Hin und her wanderten wir, um das Feld, durch den Wald, und wurden immer besorgter. Schließlich gingen wir davon aus, dass das Kalb tot war und seine Mutter sich bereits damit abgefunden hatte. Aber wir wollten nicht aufgeben, solange wir nicht sicher waren. Fat Hat II machte jedoch keinerlei Anstalten, uns zu helfen. Wir riefen zusätzliche Leute und machten uns daran, den Wald systematisch zu durchkämmen (sechzig hügelige Morgen). Als wir das Kalb schließlich fanden, war die arme Kleine in einen tiefen Schlaf gefallen, unterkühlt, nass und hungrig. Sie war auf einem unzugänglichen, steilen Hang zur Welt gekommen und offensichtlich gleich außer Fat Hats Reichweite gerutscht. Ihre Mutter musste wieder und wieder versucht haben, sie zu erreichen, hatte am Ende aber wohl die Hoffnung aufgegeben.

Fat Hat II hatte sich während unserer Suche in der Nähe aufgehalten und war, als sie bemerkte, dass wir uns der richtigen Stelle näherten, zu uns gestoßen. Wir sammelten das kleine Bündel ein und trugen es nach

Hause. Fat Hat II folgte uns auf dem Fuße. Sie war sehr verwirrt, jedoch voller Freude, ihr Kind zurückzuhaben, allerdings ohne Verständnis, warum sie ihre Rolle als Mutter nicht übernehmen konnte. Aber das Kalb war zu schwach, um stehen und von ihr gesäugt werden zu können, und so war Fat Hat II. nur eine Zuschauerin, als wir ihre Tochter wärmten, trockneten und fütterten. Wie eine Zweitbesetzung stand sie in der Kulisse, kannte ihre Rolle, wurde aber nicht auf die Bühne gerufen, um sie zu spielen. Wir nahmen ihre Milch und fütterten ihr Kalb mit vielen kleinen Portionen. Fat Hat war zwischendurch immer wieder besorgt und liebevoll, wirkte mitunter unbeteiligt, zeigte dabei aber immer wieder auch Zeichen einer Art verwirrter Dankbarkeit.

Als Menschenbaby wäre Black Hat, wie wir den Neuankömmling nannten, schwach und blass gewesen, aber da sie ein reizendes stichelhaariges, blauschwarzes Kälbchen war, konnte von Blässe keine Rede sein. Dennoch, wir brauchten zehn lange Wochen, um sie aufzupäppeln. Sie war ganz entzückend, zart und federleicht, intelligent und zugänglich und jammerte die ganze Zeit über nicht. Im Übrigen dauerte es drei Tage, bis wir Fat Hat II überreden konnten, grasen zu gehen. Wir erklärten ihr, dass sie fressen müsse, um genug Milch für ihre Tochter zu produzieren. Als wir am zweiten Tag das Gatter öffneten, damit sie einen kleinen Ausflug unternahm, waren es kaum mehr als zehn Schritte, die sie tat, schon war sie zurück, um nach ihrer Tochter zu sehen. Wir wandten überzeugendere Taktiken an, und als wir sie am dritten Tag schließlich bis auf die Weide bekamen, schmeckte das Gras dort so wundervoll, dass es sie ganz in Beschlag nahm. Sie blieb zwei Stunden und meldete sich dann zum Dienst zurück. Nach und nach entwickelte sie so ihren eigenen Rhythmus, graste intensiv und kam anschließend zurück zur kleinen Patientin.

Black Hat hatte sich während ihrer unglücklichen Zeit im dunklen kalten Wald eine doppelseitige Lungenentzündung geholt, und ihre Genesung schien eine Ewigkeit zu dauern, am Ende jedoch kam sie wieder zu Kräften und lernte, direkt von ihrer Mutter zu trinken. Fat Hat II sehnte sich danach, ihre Tochter mit hinaus auf die Weide zu nehmen. Sie erzählte ihr davon, rief sie und tat, was sie konnte, um sie zum Mitkommen zu überreden. Aber Black Hat wusste, dass sie dafür noch zu schwach war.

Eines warmen, windstillen Tages packten wir Black Hat dann in den Land Rover und brachten sie hinaus auf die Weide. Wir fuhren bis zu Fat Hat II, hoben ihre Tochter aus dem Wagen und stellten sie vor sie hin. Fat Hat II freute sich über die Maßen. Sie muhte liebevoll und stolz, leckte ihrer Tochter das Fell, lief in benommenem Unglauben um sie herum und dankte uns. Und dann begann der Ärger.

Wir wussten, Black Hat musste bei ihrer Mutter sein, um grasen zu lernen, sich nach und nach an die Herde zu gewöhnen und in sie aufgenommen zu werden. Sie war jedoch noch sehr empfindlich, und die Sache würde alles andere als einfach werden.

Am ersten Tag fing es bereits nach weniger als einer Stunde an zu regnen. Wir eilten hoch aufs Feld, luden Black Hat wieder ein und brachten sie zurück nach Hause. Fat Hat II war wütend.

Unglücklicherweise machte uns das Wetter immer wieder einen Strich durch die Rechnung, und Fat Hat konnte nicht verstehen, warum wir ihr das Kalb brachten, um es ihr dann wieder wegzunehmen. Wenn sie den Land Rover sah, selbst wenn Black Hat neben ihr stand, kam sie ans Fenster marschiert, steckte den Kopf herein und sah in jede Ecke. Sie wurde äußerst argwöhnisch, und es schmerzt, wenn ich mich daran erinnere, wie unkooperativ und unfreundlich sie zu mir wurde.

Ganz allgemein mochte Fat Hat II die Menschen auch weiterhin, nur mich nicht, wobei es doch eigentlich meine Mutter war, die hinter dem ganzen Black-Hat-nach-und-nach-ans-normale-Leben-gewöhnen-Plan stand und ständig nach Regen Ausschau hielt. Aber sie holte die Kleine nie selbst von der Weide (auch wenn sie immer dabei war). Fat Hat II beobachtete genau, wer was tat, und verhielt sich entsprechend.

Ganz langsam kam Black Hat zu Kräften. Mit fünf Monaten war sie fest in die Herde integriert und ziemlich unabhängig. Kaum hatte Fat Hat II ihre Tochter ganz für sich, brachte sie ihr bei, mir zu misstrauen. Meine zwei besten Freundinnen, die sich in so schweren Zeiten immer auf mich verlassen konnten, wollten nichts mehr mit mir zu tun haben. Ich war stolz auf die beiden, freute mich, dass sie sich normal verhielten, und redete immer noch mit ihnen. Aber Black Hat ignorierte mich, und Fat Hat II schüttelte ungehalten den Kopf, wenn sie mich sah. Sie stieß nach mir, wenn ich zu nahe kam. Zum Glück hatte sie keine Hörner. Selbst noch im Winter, als das schlechte Wetter die ganze Herde dazu zwang, viel Zeit in den Scheunen zu verbringen, musste ich vorsichtig sein, wenn ich zwischen ihnen hindurchging. Manchmal, wenn ich einen Ballen Heu auf dem Rücken hatte, spürte ich plötzlich etwas, drehte mich um und sah Fat Hat II, die mich daran erinnern wollte, dass ich ihr wehgetan hatte. Es sollte drei Jahre dauern, bis sie mir vergab.

Die meisten Geschichten haben kein richtiges Ende: Ich erzähle von Vorfällen und Geschehnissen, und irgendwann sind sie vorüber, und das Leben geht weiter. Die Geschichte mit Fat Hat II hatte einen Anfang, entwickelte eine ganz eigene Dynamik und hat ein definitives Ende.

Seit dem Tag der Geburt von Fat Hat II hatte meine Mutter ein spezielles Verhältnis zu ihr. Drei Stunden alt, stakste Fat Hat II die Weide hinunter, um sich vorzustellen, und ließ die eigene Mutter hinter sich (die, wie ich schon berichtet habe, keine große Menschenfreundin war).

Die Freundschaft überdauerte die Belastung durch Black Hats Startschwierigkeiten und blieb auch nach der Geburt von Black Hat II sehr eng, sogar bis zum Tod von Fat Hat II.

Am letzten Tag eines kalten Oktobers brachte Fat Hat II ein wunderschönes, völlig schwarzes Kuhkalb auf die Welt, diesmal mit der Hilfe des Tierarztes. Es sollte Black Hat III heißen. Drei Tage später spürte meine Mutter, als sie bei Fat Hat II und dem Kalb in der Scheune war, dass etwas nicht stimmte und es etwas Ernstes sein musste. Sie spürte, dass Fat Hat II sterben würde. Niemandem sonst war etwas aufgefallen, die Kuh hatte ihr Kalb gesäugt und geleckt und lag neben der Kleinen.

Wir hörten auf Mutters Intuition und riefen den Tierarzt. Er diagnostizierte eine Bauchfellentzündung, die, wie er erklärte, nicht zu behandeln und unheilbar war. Um Fat Hat II das Leiden zu ersparen, mussten wir sie einschläfern lassen. Bevor sie die Augen für immer schloss, nahm sie meiner Mutter mit einem eindringlichen Blick das Versprechen ab, sich um ihr neues Kalb zu kümmern. Meine Mutter nickte, und Fat Hat verstand.

Meine Mutter hielt ihr Versprechen, was in diesem Fall nicht leicht war. Erfindungsgeist, Entschlossenheit und Raffinesse waren vonnöten. Fat Hats Nichte, Roan Bonnet, hatte ein paar Tage zuvor gekalbt, und ihr Sohn, der Duke of Lancaster, brauchte nicht all ihre Milch. Seit der Geburt des Bishop of Durham produzierte sie mehr, und ihre Milch glich der von Fat Hat II Wahrscheinlich, da sie derselben Rasse angehörte (sie war ein Fleisch-Shorthorn) und mit ihr verwandt gewesen war. Wir baten Roan Bonnet, die Waise zu adoptieren, die jetzt offiziell Jane Eyre hieß. Sie war nicht begeistert.

Wenn sie im Pferch angebunden war, hatte Roan Bonnet nichts dagegen, sich im Austausch für Gerste, Äpfel und süßes Heu von uns melken zu lassen. Doch nun ersetzten wir die Melkmaschine durch Jane Eyre. Roan Bonnet war nicht dumm, und kaum, dass sie Jane aus dem Augenwinkel sah, ruckte sie hin und her und machte ihr das Trinken unmöglich. Da kam Lancaster zu Hilfe. Wir stellten ihn so nahe neben seine Mutter, dass sie, wenn sie den Kopf drehte, nur ihr eigenes Kalb sehen konnte, während Jane, hinter ihm versteckt, ausgiebig trank. Für einige Wochen mussten wir uns auf Lancasters Gutmütigkeit verlassen und ihn als Leibwächter für seine adoptierte Schwester einsetzen.

Das war eine zeitraubende Angelegenheit, da Bonnet dazu erst angebunden werden musste, aber kurz bevor Jane zwei Monate alt war, fand Lancaster eine Lösung, von der alle profitierten: Wann immer er trinken wollte, rief er Jane dazu, damit auch sie trank, selbst wenn sie gerade ein Stück entfernt war. Wenig später beschloss er, ihr auch das Fell zu putzen. Etwas, das wir bisher getan hatten. Jane und Lancaster wurden gute Freunde, und selbst zwei Jahre später, nachdem sie Wochen getrennt gewesen waren, fanden sie sich, setzten sich nebeneinander, genossen den Ausblick und redeten über dies und das.

Vor diesem glücklichen Miteinander war es jedoch noch zu einem misslichen Vorfall gekommen. Eines Tages bat Jane ihre Ziehmutter draußen auf der Weide, trinken zu dürfen, als Lancaster nirgends zu sehen war. Roan Bonnet trat heftig nach ihr, und auf Janes Hüfte wuchs eine mächtige Beule, die von Tag zu Tag größer wurde. Merkwürdigerweise humpelte sie deswegen nicht. Sie schien auch keine Schmerzen zu haben, sondern verhielt sich normal und spielte mit Lancaster, Billy und Gulliver, die alle innerhalb weniger Tage auf die Welt gekommen waren. (Alfred, der Sohn von Ditch

Hog, durfte natürlich nicht mit dem gemeinen Volk spielen, aber das ist eine andere Geschichte.)

Es widerstrebte uns, einen Tierarzt zu konsultieren. Jane Eyres ältere Schwester, die erste Black Hat, hatte so viel medizinische Versorgung gebraucht, dass wir Jane nur falls absolut notwendig medikamentös behandeln lassen wollten. Wir beschlossen, es mit homöopathischen Mitteln zu versuchen. Das Thema verdiente ein eigenes Kapitel in unserem Landleben, an dieser Stelle jedoch soll es genügen zu erwähnen, dass wir Erfolg hatten. Weniger als vierundzwanzig Stunden nach Beginn der verordneten Behandlung platzte die Beule, offenbar ohne Schmerzen zu verursachen, und nach zwei Tagen war von einer Verletzung nichts mehr zu sehen. Bald schon wussten wir nicht mal mehr zu sagen, auf welcher Seite Jane die Beule gehabt hatte, und wir hoffen, dass es ihr ebenso ging.

Kühe haben Vorlieben

Ein Wort hier, wo wir schon bei *Hüten* und *Hauben* (*Hats* und *Bonnets*) sind, ein Wort zu Bonnet selbst. Sie war die erste Tochter, wenn auch das zehnte Kalb, der ursprünglichen Fat Hat und eine ziemlich bemerkenswerte Kuh. Bonnet liebte Äpfel. Die meisten Kühe tun das, genau wie Schafe, Schweine und Vögel, aber Bonnet dachte auch außerhalb der Saison an sie. Wann immer sie uns sah, fragten ihre Augen, ob wir nicht einen Apfel für sie hätten oder eventuell sogar eine Birne. Während ihres langen Lebens vermochte sie uns eine ganze Reihe von Fragen mit verschiedenen Blicken zu stellen.

Unsere Laxton Fortunes und Newton Wonders waren gut zu lagernde Äpfel. Wir bewahrten sie auf Holzbrettern hoch in einer luftigen Scheune auf, wo sie sich bis März und manchmal sogar bis Ende Mai hielten. Einige kamen auch in einen kühlen Keller, sodass wir immer über einen, wenn auch begrenzten, Vorrat verfügten. Bonnet wurde also während der Monate mit wenig Gras selten enttäuscht, und irgendwie wusste sie stets, wann die ersten frischen Äpfel der neuen Saison, die Worcester Pearmains, reif zu werden begannen. Am entsprechenden Tag war sie unter dem Baum, reichte zu den niedrigeren Ästen hoch und pflückte, woran sie kam. Fünf oder sechs Wochen später war es der Lord Derby, ein weit saurerer Apfel für uns – für Bonnet schienen sie alle süß.

Alle anderen Kühe aßen jeweils einen Apfel. Bonnet verdrückte problemlos vier auf einmal. Seltsamerweise vergaben wir den Titel »Apfelfresser« jedoch nicht an sie und ihre Familienmitglieder, die ihre Vorliebe für Äpfel geerbt hatten und es ohne Ausnahme wie sie machten, sondern an Jacques und Maurice, ein ungewöhnliches Freundespaar, das durch ein ganz gewöhnliches Unglück zusammengefunden hatte.

Jacques' Mutter Jeanine und Highnoon VII, Maurice' Mutter, starben innerhalb von zwei Wochen. Wir unternahmen allerdings keine Anstrengungen, die zwei Jungs zusammenzubringen, da sie beide einen eigenen Freundeskreis und liebe ältere Schwestern hatten. Im Übrigen waren sie mehrere Monate auseinander, was bei Rindern für gewöhnlich große Auswirkungen hat. Sie fanden sich aber dennoch und schlossen dauerhaft Freundschaft. In unserem Bestreben, ihnen durch ihre schwierige Zeit zu helfen, schenkten wir ihnen zusätzliche Aufmerksamkeit, und eine unserer Taktiken bestand darin, sie täglich mit Äpfeln zu versorgen. Das begriffen beide sehr schnell. Sobald der Land Rover auf die Wiese und zwischen das Vieh fuhr, gingen Jacques und Maurice strategisch in Stellung. Jacques lernte sogar, den Kopf durchs Fenster zu strecken, damit kein anderes Tier ihm etwas von seiner Ration wegschnappen konnte. Maurice war etwas zurückhaltender, lief hinter das Auto und wartete dort auf uns. Jacques war ein prächtiger Hereford, rot, mit einem weißen Gesicht, Maurice ein unscheinbarer, aber gewitzter Lincoln Red – und die beiden Apfelfresser gingen zusammen durch dick und dünn.

Blickkontakt

Es ist schwer, über die Rinder dieser Farm zu schreiben, ohne von Ereignissen zu berichten, die mit der Familie Hat zu tun haben. Am 9. Januar 1995 wurden Little Bonnet und ihr Sohn Smasher, July Bonnet und ihr Sohn JB und Roan Bonnet und ihr Sohn Red Rum zum Stall gebracht, damit der »Mann vom Ministerium« die Bullenkälber zählen und ihre Ohrennummern notieren konnte. Dadurch blieb Christmas Bonnet, Julys jüngere Schwester, ungewollt ohne Familie und damit auch ohne Freunde allein zurück.

Am nächsten Morgen fuhren meine Mutter und ich aufs sogenannte Monument Field hinaus, um das Vieh zu füttern, und Christmas Bonnet starrte zunächst mich und dann meine Mutter eindringlich an, trabte von einer Seite des Land Rovers auf die andere und fixierte uns nacheinander. Es dauerte ein paar Minuten, bevor wir begriffen, was sie uns sagen wollte, und als wir es taten, entschuldigten wir uns beide bei ihr und versprachen, sie so bald wie möglich nach Hause zu bringen. Sofort ging es allerdings nicht, weil mein Bruder den ganzen Tag über nicht auf der Farm war und wir darum zusätzliche Aufgaben zu erledigen hatten. Als Richard später nach Hause kam, sah er Christmas Bonnet mit den Hauskühen, zu denen sie eigentlich nicht gehörte, im Hof stehen und zu den Scheunen auf der anderen Seite der Straße hinüberstarren. Er berichtete uns davon, und wir konnten ihm die Geschichte erklären, wobei uns klar wurde, dass Christmas drei Hecken, Zäune und Gatter überwunden haben musste, um nach Hause zu gelangen. Bald war die Familie wieder zusammen, und alle bekamen ihre Äpfel.

Eine andere Kuh, die viel durch eindringliche Blicke erreichen konnte, war Black Wendy II., in der Folge als Friendly Wendy bekannt. Eines Winters begann sie etwas dünner auszusehen als ihre Altersgenossen, und wir beschlossen, ihr abends zusätzliches Futter zu geben. Sie lernte sehr schnell, dafür mit den Milchkühen nach Hause zu kommen, aber einmal wurden wir von unerwarteten Besuchern aufgehalten, und ihre gewohnte Fütterungszeit verstrich. Wendy fand einen Weg von der Weide, sah den Mann, der seine Ferien in unserem kleinen Cottage verbrachte, lief zu ihm und fixierte ihn mit ihrem Blick. Sie folgte ihm, so weit sie konnte, und beobachtete genau, wie er im Garten herumhantierte. Wie er uns später erzählte, sagte er ihr, dass er zwar nicht verstehe, was sie wolle, aber die zuständigen Autoritäten für sie konsultieren werde. Wendy folgte ihm die hundert Meter zu unserem Haus, und so bekam sie am Ende das von ihr erwartete Futter.

Von da an, nachdem sie alles durchschaut hatte, kam sie von sich aus an unser Küchenfenster und starrte hinein, bis wir sie bemerkten.

Kühe erinnern sich

Eine der angenehmsten Eigenschaften, die eine Kuh haben kann, ist ein gutes Gedächtnis. Das sage ich natürlich aus meiner menschlichen Perspektive, aber ich bin mir sicher, dass ein gutes Gedächtnis Kühen wirklich hilft. Manchmal führt die Arbeitsaufteilung dazu, dass einer von uns eine bestimmte Gruppe Kühe mehrere Wochen lang nicht sieht, und andere aus der Familie treffen sie täglich. Ganz gleich, wie lange kein Kontakt besteht, die Kühe erinnern sich an jeden Einzelnen von uns. Sie haben ihre Lieblinge unter uns, genau wie wir unter ihnen. Auch Schafe haben ein langes, präzises Gedächtnis. Es gilt mittlerweile als allgemein anerkannt, dass sie wenigstens fünfzig ihrer Gefährtinnen und Gefährten kennen und individuell unterscheiden können. Aus meiner Erfahrung schließe ich, dass sie sich an alle Menschen erinnern, die sie je kennengelernt haben. Sie scheinen uns über unsere Stimmen zu identifizieren, aber vielleicht merken sie sich auch, wie wir aussehen, wie wir gehen und wie groß wir sind.

Kurz etwas zu Pferden

In den frühen Sechzigern hatten wir zwei Ponys. Die ältere, schlauere, starrköpfige Stute litt unter Arthritis, stürzte eines Tages kopfüber in einen Graben und saß hoffnungslos fest. Ausnahmsweise ging mein Vater an dem Tag hinaus auf die Weide, um das jüngere Pony einzufangen, da es frisch beschlagen werden musste. Das Pony ließ sich ein Halfter anlegen, weigerte sich dann aber beharrlich mitzukommen. Stattdessen zog es meinen Vater den Hang hinunter zum Graben. Dieses äußerst untypische Verhalten rettete dem alten Mädchen das Leben, und es rührte und freute uns zu sehen, dass das jüngere Pony die Erde seitlich schon fast bis auf Grabentiefe weggescharrt hatte, um seiner Freundin aus eigener Kraft zu helfen.

Ein Exkurs über Schafe, Schweine und Hühner

Die Rinder sind ein wichtiger Teil unseres Lebens, und je ursprünglicher und wilder ihre Existenz, desto faszinierender ist es für uns zu beobachten, wie sie sich verhalten. Doch an dieser Stelle möchte ich einen kleinen Exkurs über Schafe, Schweine und Hühner machen.

Audrey und Sybil, zwei mit der Flasche aufgezogene Lammwaisen, und Gayle Elspeth Rosie, ein als Piggy bekanntes Schwein, waren auf ihre ganz eigene Weise recht bemerkenswert. Als Piggy, einen Monat und einen Tag alt, am 20. Juni 1985 in einer Schuhschachtel bei uns ankam, war sie gerade mal achtzehn Zentimeter lang, von der Rüsselspitze bis zum Ende ihres ausgestreckten Schwanzes. Die Lämmer Audrey und Sybil wurden beide am 22. März desselben Jahres geboren.

Piggy stammte von einer Farm mit Intensivtierhaltung und war gleich ausgesondert worden, weil sie »zu klein« war, um sich mit ihr irgendwelche Mühe zu machen. Gayle arbeitete auf der Farm, hatte sie gerettet und mit Babynahrung großgezogen. Mit Hilfe eines Schäferhundes kümmerte sie sich in ihrer Wohnung im zweiten Stock um Piggy. Doch da Gayle wusste, wie schwer Piggy am Ende werden würde und dass sie das Tier nicht lange bei sich behalten konnte, suchte sie nach einem neuen Heim für Piggy, bevor sich die beiden zu sehr aneinander gewöhnten. Ich war daraufhin von Elspeth, einer gemeinsamen Freundin, angesprochen worden.

Piggy gefiel es nicht, aus ihrem hübschen Zuhause geholt zu werden. Sie protestierte einen Tag lang, indem sie sich in einen großen Haufen Stroh wühlte und nur daraus hervorkam, wenn sie fressen oder trinken wollte (wenn wir nicht zusahen). Am zweiten Tag entschied sie, das Beste aus der neuen Situation zu machen, und erlaubte uns, sie zu verwöhnen und zu bedienen. Sie begleitete uns im Land Rover über die Farm, wurde sanft heraus- und wieder hineingehoben und hatte einen Riesenspaß dabei, sich auf einem Feld durch das frisch gemachte Heu zu wühlen. Noch drei Monate später, als sie längst viel größer und schwerer war, begleitete sie uns begeistert auf Spaziergängen, auch bergauf, wobei sie darauf bestand, später nach Hause getragen zu werden.

Als Piggy und Audrey sich zum ersten Mal sahen, begegneten sich überraschend zwei auf Augenhöhe – obwohl Piggy nur ein Viertel so groß war wie Audrey, die mit einschüchternder Überlegenheit auf dieses außergewöhnliche kleine Ding hinabstarrte. Piggy rührte sich nicht. Nase an Nase standen sie so zwei reglose Minuten lang da und starrten sich an, bis sie zu einer Übereinkunft kamen, aus der sich eine enge Freundschaft entwickeln sollte. Beide hatte ihre Mutter niemals kennengelernt.

Morgens ging Audrey oft los und holte Piggy ab, was meistens bedeutete, dass sie Piggy wecken musste. Das tat Audrey, indem sie die Kleinere vorsichtig mit dem Fuß anstieß. Stand Piggy als Erste auf, suchte sie Audrey und stupste sie mit dem Kopf an, bis auch Audrey aufstand, und dann verbrachten sie den Tag zusammen, spielten, grasten und buddelten unter den Kirschbäumen herum. Sybil kam auch mit. Die Freundschaft hielt, bis Audrey Brigitte und Lolita bekam, mit denen sie nichts anzufangen wusste, und Piggy zu ihrer eigenen Verblüffung elf Ferkel in die Welt setzte. Sybils erster Sohn hieß Manuel. Das war der Punkt, an dem wir begriffen, dass sich Piggy und Audrey sicher waren, Menschen zu sein. Es kostete uns einige Geduld und Überlegung, ihnen ihre Mutterrolle nahezubringen; am Ende waren sie dann derartig mit ihrem Nachwuchs beschäftigt, dass sie einander vergaßen.

Audrey bereitete uns immer viel Freude, ihr ganzes Leben lang, war freundlich und hilfreich, ruhig und schön. Wenn wir die Schafe in die Scheunen treiben mussten, folgte sie uns hinter ihnen, wie ein Schäferhund. Und wenn etwas die Herde erschreckte, ein streunender Hund zum Beispiel, und wir waren nicht da, brachte Audrey die Herde allein durch ihr eigenes, für Kühe zu enges Gatter nach Hause. Manchmal, wenn wir hinausgingen, um sie zu besuchen, machte sie uns äußerst höflich klar, dass sie gerade mit Grasen beschäftigt war. Kamen wir näher, um sie zu streicheln, lief sie nicht weg, sondern graste noch intensiver und bewegte sich ein wenig schneller voran. Hatten wir einen triftigen Grund, warum wir zu ihr mussten, konnten wir sie jedoch immer zum Stehenbleiben bewegen.

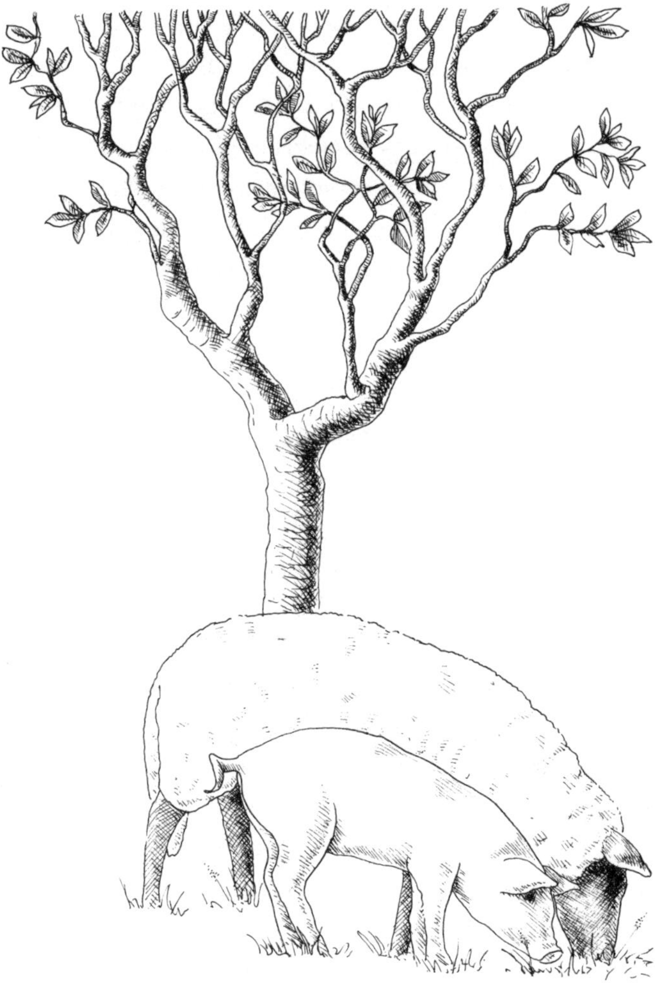

Ich erinnere mich an einen Tag, als wir eine Gruppe von fünfzig acht- und neunjährigen Kindern eingeladen hatten. Audrey stand stocksteif da und erlaubte ihnen, sie nach Herzenslust zu streicheln. Wir hatten befürchtet, solch eine Invasion könnte ihr Angst machen, doch offenbar hielt sie es für lohnenswert, einen Teil ihrer Zeit für so einen guten Zweck zu opfern.

Sybil war ein braves, kräftiges Lamm, aber ein wenig langweilig. Audrey mochte Sybil und war nett zu ihr, aber Piggy war weit erfindungsreicher und unterhaltsamer. Piggy und die beiden Lämmer liefen hin, wo immer es ihnen gefiel. Die Lämmer sprangen über die Gartenmauer, und die kurzbeinige Piggy stieß mit dem Rüssel das Tor auf.

Als Piggy das erste Mal Ferkel warf, erkannten wir, dass sie eine sehr menschliche Wahrnehmung der Welt hatte. Die Angst, die sie vor ihren Ferkeln zu haben schien, rührte augenscheinlich daher, dass sie noch nie welche gesehen hatte. Bereits wenige Minuten nach der Geburt war sie von ihrer Mutter und ihren Geschwistern getrennt worden und hatte gelernt, sich wie ihre Beschützerin Gayle zu verhalten. Piggy ist das einzige Schwein mit Tischmanieren, das ich je gesehen habe. Alle anderen Schweine rennen zur Fütterung und riskieren in ihrem Eifer, ihr Futter zu Boden zu werfen und zu verschütten. Piggy dagegen wartete, bis alles sicher im Trog war, und begann dann zu fressen, offenbar in dem Glauben, das alles, was davon auf dem Boden landete, verloren war. Obwohl sie schnell lernte, ihre elf Ferkel zu bemuttern, gelang es ihr jedoch nicht, ihnen gute Manieren beizubringen.

Ich erinnere mich daran, wie uns eine von Piggys Enkelinnen von unserem Glauben an ein ganz bestimmtes altes Ammenmärchen abbrachte. Rachael und Lucy waren damit beschäftigt, unseren kleinen Obstgarten durchzuwühlen, und ich fragte mich müßig, was ich tun würde, wenn eine von den beiden in den Teich fiele. Ich war mir ziemlich sicher, dass kein Schwein freiwillig da hineinspringen würde, denn sie mussten schließlich wissen, dass sie nicht schwimmen konnten. Das war eine »Tatsache«, die mir selbst seit frühester Kindheit »bewusst« gewesen war. Ich hatte eigentlich im Garten zu arbeiten, überlegte aber die ganze Zeit mehr oder minder ernsthaft, ob ich nicht lieber den Traktor und ein Seil holen sollte, als sich Lucy vor meinen Augen anmutig ins Wasser stürzte, zwei Runden schwamm, lächelte, zurück an Land stieg, sich schüttelte und weiter in der Erde buddelte. Ich war fasziniert.

Eines Tages in der Küche erklang ein lautes Klopfen an der Hintertür: ein heftiges, wiederholtes, unermüdliches Klopfen. Auf dem Weg nach hinten hörte ich, dass der Lärm von einem ähnlich lautstarken, eindringlichen Blöken begleitet wurde. Es war Audrey, die mit dem Fuß gegen die Tür schlug. Als sie mich sah, blökte sie noch lauter und lief ein Stück über den Rasen, blieb stehen, sah mich an, kam ein paar Schritte zurück, rief und rannte aufs Neue aufgeregt los – wie einst Fernsehhund Lassie forderte sie mich so zum Mitkommen auf. Wir rannten über den Rasen, sprangen über den Bach, kletterten die Böschung hinauf, und ich fand mich am Rand des Swimmingpools wieder, in dem Sybil Runde um Runde schwamm und nichts anderes tun konnte, als immer weiterzuschwimmen. Ich sprang ins Wasser, um sie zu retten, legte die Arme um sie und begriff, dass das Lamm, das ich eigentlich gut tragen konnte, so voller Wasser gesogen viel zu schwer war, um es über den Rand des nur halb gefüllten Pools zu hieven. Sybil war ausgekühlt und verzweifelt, und ich wusste nicht, wie lange Audrey für ihre Entscheidung gebraucht hatte, mich zu holen. Ich hob Sybil so weit aus dem eiskalten Wasser, wie es mir möglich war, und legte ihren Körper auf mein angehobenes Knie. Audrey und ich fingen an, gemeinsam nach meinem Vater zu rufen, der, wie ich wusste, der einzige Mensch in der Nähe war. Er stand in der Werkstatt, etwa hundert Meter entfernt, und war mit Schweißarbeiten beschäftigt, was ihn kaum etwas anderes hören ließ. Jedem meiner Rufe ließ Audrey ihr Echo folgen, und manchmal riefen wir gemeinsam.

Endlich hörte uns mein Vater und kam zu Hilfe gelaufen. Sybil erholte sich schnell, aber mir war für den Rest des Tages kalt.

Einmal, wirklich nur ein einziges Mal, brachte eine wilde Stockente ihre acht neugeborenen Entenküken zum Schwimmen in den nur dreiviertel vollen Swimmingpool, und sie waren zu klein, um wieder herauszukommen. Wild, wie sie war, und Menschen gegenüber argwöhnisch, stand die Mutter am Rand und quakte und quakte. Erst maßen wir ihrem Quaken keine Bedeutung bei, doch am Ende spürten wir die Verzweiflung in ihrem Ton und gingen nachsehen, was los war. Die Mutter wich nicht von der Stelle. Ich hatte meine Kamera dabei und dachte, wie glücklich sie doch eigentlich aussahen und dass wir erst April hatten und ich eigentlich nicht schwimmen gehen wollte. Am Ende ließ ich mich dann aber doch widerstrebend, und vollständig bekleidet, ins Wasser gleiten, allerdings ohne viel ausrichten zu können. Jedes Mal, wenn ich eine Hand ausstreckte, um eines der Küken zu retten, tauchte es weg und erst an der anderen Seite des Pools wieder auf. Wenn ich dort ankam, wiederholte sich das Spiel. Die Kleinen wurden zusehends erschöpfter, genau wie ich. Meine Mutter und die Entenmutter sahen zu. Schließlich holte meine Mutter meinen Vater, meinen Bruder und das Tennisnetz. Wir bildeten eine Reihe quer durch den Pool, verhakten das Netz in den Zehen, hielten es mit den Händen bis über die Wasseroberfläche und wanderten langsam durch unser »Fanggebiet«. So gelang uns, die Küken zusammenzudrängen und aus dem Pool zu holen. Eines nach dem anderen reichten wir sie meiner Mutter, die sie abtrocknete und wiederbelebte. Die Stockente wartete geduldig und brav, bis sie ihre Nachkommenschaft zurückhatte, und führte sie dann hinüber in die Sicherheit unseres Teichs.

Sie machte diesen Fehler kein zweites Mal, und auch keiner anderen Ente ist das seitdem je passiert.

Später werde ich die Geschichte der alten grauen Henne und ihrer Leibwächter erzählen. Solch anrührende Beziehungen gibt es relativ häufig. Auch Schafe können zu Leibwächtern werden. Als Ellen mit nur dreizehn Monaten Zwillinge bekam, standen ihre zwei alten Großtanten beschützend bei ihr und hielten den Rest der Herde auf Abstand.

Schwieriges Kalben – Kühe irren nie

Auch wenn sich manche Kühe vor dem Kalben in entfernte Ecken der Farm zurückziehen, bitten uns doch viele von ihnen auf erfindungsreiche Weise um Hilfe, wobei die meisten glücklicherweise keine brauchen und sich auch nicht verstecken. Für gewöhnlich sind es die schweren Geburten, die einem im Gedächtnis bleiben.

Nonee kam von den oberen Weiden, wo sich alle ihre Freundinnen am satten Sommergras gütlich taten, und legte sich in eine dunkle Ecke der Scheune. Dieses eher ungewöhnliche Verhalten fiel uns auf und ließ uns aufmerksam werden. Nonee stand zwei Tage vor dem Kalben, in diesem Stadium sind die äußeren Anzeichen dafür noch nicht augenscheinlich. Aber sie schien das Gefühl zu haben, sie sollte besser unter Beobachtung sein, und natürlich hatte sie recht.

Kühe irren sich in diesen Dingen niemals.

Black Bumble, eine der eineiigen Zwillingstöchter der alten Mrs Bumble, hatte eine völlig andere Taktik, um uns auf sich aufmerksam zu machen. Sie verließ die Herde, kam so nahe ans Haus heran, wie es die Zäune erlaubten, und wanderte etwa zwanzig Meter entfernt vor dem Küchenfenster auf und ab. Ihre Ängste waren völlig begründet, da das Kalb sehr ungünstig lag. Falsch herum, auf dem Rücken und auch noch leicht schräg.

Hippolyta war in doppelter Hinsicht hilfebedürftig. Sie brauchte unsere Unterstützung beim Kalben und musste zudem einen Weg finden, mit uns Menschen zu kommunizieren, war es doch das erste und einzige Mal in ihrem langen Leben, dass sie uns brauchte. Sie hatte es einfach nicht gelernt. Soweit wir uns zurückerinnern konnten, war ihre gesamte Familie völlig unabhängig gewesen. Es waren große Tiere mit gefleckten rot-weißen Gesichtern, ziemlich sanft und fürsorglich untereinander, aber »völlig menschenabgewandt«, um es einmal so auszudrücken. Hippolyta wollte uns eigentlich nicht um Hilfe bitten, rang sich am Ende aber dazu durch und fand auch eine Möglichkeit, es zu tun. Sie blieb in unserer Nähe, lungerte herum, stand im Weg und war ungewöhnlich freundlich und kooperativ. Das erregte unseren Verdacht, und wir versuchten, es ihr leicht zu machen. Wir wussten, wie stolz sie war. So halfen wir ihr bei einer schwierigen, wenn auch nicht schmerzvollen Geburt und versuchten sie anschließend, ganz wie zuvor, nicht weiter zu beachten. Natürlich behielten wir sie doch etwas genauer im Auge, aber sie brauchte unsere Hilfe nie wieder.

Aber Kühe suchen nicht nur nach menschlicher Unterstützung, wenn sie kalben.

Während der dreiundvierzig Jahre, in denen wir die Mütter ihre Kälber selbst haben säugen lassen, »wollte« eine Reihe von ihnen zusätzlich gemolken werden. Das kann unterschiedliche Gründe haben. Manchmal mögen die Kälber früh schon so gerne Gras, dass sie nicht mehr so viel trinken. Zudem produzieren die Kühe gerade im Frühjahr, wenn es Unmengen frisches Gras gibt, mehr Milch. Kommt beides zusammen, kann das bedeuten, dass eine Kuh gemolken werden muss, und einige von ihnen sind sogar so clever, um Hilfe zu bitten, wenn sich ihr Euter entzündet. Andere leiden schweigend.

Dizzy und ihre Familie

Im Spätsommer 1966 reisten meine Eltern in den Forest of Dean, um ein zwei Tage altes Kuhkalb abzuholen, das ihnen von einem Mann geschenkt wurde, von dem sie schon fünf Kühe gekauft hatten. Mein Vater nannte das Kalb Discount, Rabatt. Auf den Rücksitz unseres blauen Ford Cortina gekuschelt, kam Discount brav mit ihnen mit, während meine Eltern unter Schwierigkeiten dem Cricket-Test-Match zwischen den West-Indies und England lauschten, das Transistorradio oben gegen das Seitenfenster gedrückt, um zu hören, während es gerade richtig spannend wurde. Discount sollte eine ansehnliche Dynastie begründen. Denn sie bekam nur Töchter, und diese ebenfalls, so dass sich die Mitglieder des Clans vervielfachten. Wir haben heute noch mindestens zwanzig direkte Nachkommen von Discount in der Herde.

Eine davon war Dizzy. Dizzys erstes Kalb wiederum war Olé, der unser Herdenbulle wurde. Bereits mit ein paar Wochen schon begann er die Grundlagen dafür vom allmählich älter werdenden Jake zu lernen. Olé war ein prächtiger Kerl, gutmütig wie seine Mutter, aber zu beschäftigt damit, glücklich zu sein, um so feinfühlig wie Jake sein zu können. Olé und der genauso alte Mr Mini wollten beide so sein wie Jake, der von Mensch und Rind gleichermaßen geliebt wurde. Sie hatten keine Chance, wie er auszusehen, denn er war ein pechschwarzer Welsh-Black, Mr Mini ein mittlerer Lincoln-Red und Olé ein cremefarbener Charolais. Aber sie ahmten ihn nach, so gut sie konnten, und beschlossen törichterweise, ihm beizubringen, wie man kämpfte, plagten ihn ohne Unterlass und rannten ihm in die Beine und gegen die Wamme. Wie lästige Fliegen. Jake zottelte ruhig weiter und graste, während die beiden Nervensägen gegen ihn anrannten und wieder flohen, gegen ihn anrannten und flohen. Stunde um Stunde spielten sie so, bis er sie endlich verärgert mit einem leichten Stoß oder auch nur einem Blick verjagte, worauf sie enttäuscht davontrotteten.

Auch die Geschichte von Dizzys letztem Kalb, Dizzy II, möchte ich erzählen. Dizzy II verdiente sich den Spitznamen The Bodyguard, als sie etwa sechs Monate alt war. Ihre zwanzigjährige Mutter begann an Arthritis zu leiden und hatte ein paar Risse in den Füßen. So war sie nicht so erpicht darauf, die großen Entfernungen zurückzulegen, die die Herde bisweilen an einem

Tag hinter sich brachte. Im Übrigen mussten ihre Füße eingerieben werden. Mehrmals am Tag fuhren wir mit einer Salbe für die Beine und Leinöl für die Füße zu ihr und brachten auch zusätzliches Futter mit, damit sie nicht mehr als nötig laufen musste. Vorher hatte uns Dizzy II im Durchschnitt einmal täglich gesehen, ohne dass wir ihre Mutter besonders beachtet hätten. Die ungewohnten, regelmäßigen Besuche machten sie argwöhnisch, und ganz gleich, wie weit entfernt sie gerade graste oder mit ihren Freunden spielte, wenn wir kamen und neben ihrer Mutter parkten, galoppierte sie heran, um zu sehen, was wir wollten. Die ältere Dizzy freute sich über all die Aufmerksamkeit – und ihre Tochter passte auf und beobachtete uns eindringlich, bis wir wieder fuhren, worauf sie zu ihrer vorherigen Beschäftigung zurückkehrte.

Jeden Tag passiert etwas …

… aber vieles davon bleibt unvermeidlich unbemerkt.

Eine Voraussetzung für wahre Größe ist vielleicht, gelitten zu haben. Krieg, Unfälle, der Verlust eines lieben Menschen, Verletzungen, Armut, Hunger und Unterdrückung – wenn einen etwas nicht umbringt, fördert es oft Güte, Stärke und Durchhaltevermögen zutage. Auch in der Welt der Rinder kann Leiden das Beste hervorbringen.

Man könnte sagen, dass Black Araminta eine Färse wie alle anderen war. Das trifft jedoch nicht zu, wobei wir erst begriffen, aus welchem Holz sie geschnitzt war, als sie in Not geriet.

Sie brach sich einen Knochen im Bein – glücklicherweise, wobei es merkwürdig scheint, das Wort in diesem Zusammenhang zu gebrauchen, nur dreißig Meter von unserem Haus entfernt. Das machte die Aufgabe, sie zu pflegen, weit leichter, als es unter anderen Umständen der Fall hätte sein können.

Als die übrigen Kühe grasend auf die nächste Wiese weiterzogen, sahen wir, dass Black Araminta allein zurückblieb. Sie wirkte in keiner Weise bekümmert, bewegte sich nur einfach nicht weiter, und das sollte sie auch während der nächsten sechs Wochen nicht tun. Sie aß und trank begeistert, konnte sich hinlegen und wieder aufstehen, unternahm aber keinerlei Versuch, sich vom Fleck zu bewegen.

Wie fast jedes andere Tier reagierte auch Black Araminta sehr positiv auf Freundlichkeit. Die einzige Ausnahme von dieser Regel, an die ich mich erinnere, war, als wir ihr letztes Kalb, Gemima, im Alter von zwei Monaten mit Gewalt festhalten mussten, um einen Schnitt in ihrem Fuß zu behandeln. Gemima vergab uns nie (und ich meine wirklich *nie*), was sie für einen erniedrigenden Eingriff hielt.

Manche Tiere lassen sich pflegen und bedienen, als stünde es ihnen zu, andere sind dankbar, einige sind sichtlich irritiert und aufgeregt, aber wenn das Hegen und Pflegen erst einmal beginnt, beruhigen sie sich. Wir kannten Black Araminta noch nicht so gut. Sie war uns zuvor wunderbar unabhängig und eigenständig erschienen, was sie hinterher auch wieder sein sollte, doch für die Dauer ihrer Genesung vertraute sie sich uns vollkommen an.

Sechs Wochen nach ihrem Unfall ging sie, ohne dass wir es mitbekamen, zehn Meter weiter den Hang hinauf. Wir trugen ihr die Eimer Wasser hinterher. Am nächsten Tag waren es fünfzig weitere Meter. Die Eimer folgten, und als wir am dritten Tag nach ihr sahen, war sie aus unserem Blickfeld verschwunden. Wir fanden sie in einer bequemen Mulde, im Schatten zweier Eichen, mehrere Hundert Meter entfernt, und sie war nicht allein.

Sie hatte ohne jede Hilfe gekalbt, eine cremefarbene Tochter, Gem, hatte ihr Kalb trocken geleckt und gesäugt. Wir gingen zu ihr, um ihr zu gratulieren und zu sehen, ob alles in Ordnung war, und da machte sie klar, dass es mit dem Intermezzo von Vertrauen und Abhängigkeit vorbei war. »Danke für alles, aber von jetzt an helft mir nur noch, wenn ich euch darum bitte«, erklärte sie uns.

Wir taten, was sie sagte. Sie brachte jedes Jahr ein Kalb zur Welt, und wenn sie tatsächlich einmal Hilfe brauchte, was kaum vorkam, bat sie darum und wir halfen: Einmal musste eine schmutzige Zitze gewaschen werden, dann hatte sie zu viel Milch für ein kleines Kalb, und zuletzt hatte sich ein Stein in ihrem Fuß festgesetzt. Davon abgesehen wurde aus unserer fügsamen, sanftmütigen, geduldigen Patientin eine selbstbewusste Regierungschefin unter den Rindern, die niemals einen Fehler zugab oder eine 180-Grad-Wende vornahm, niemals irgendeine Zuneigung erlaubte, aber vage freundlich war, wenn man ihr half.

Wir besuchen all unsere Kühe das ganze Jahr über mindestens einmal am Tag, und wenn eine kurz davorsteht zu kalben, auch öfter. Araminta konnte sich unserer Aufmerksamkeit also einmal täglich gewiss sein und wusste, wie eigentlich alle Kühe der Herde, wo wir wohnten. Sie konnte »nach Hause« kommen, wann immer es nötig war. Wenn sie etwas wollte, kam sie herbeimarschiert und begrüßte uns, wann immer wir uns der Weide näherten. Wir wussten genau, dass sie das nicht tat, um gestreichelt zu werden, und es dauerte in aller Regel nur ein paar Augenblicke, um zu sehen, worum es ging.

Ich frage mich, ob die freundlicheren Kühe, die Aufmerksamkeit und Zuneigung wollen, sich vielleicht schwerer tun, ein wirkliches Bedürfnis mitzuteilen. Ich werde darauf in Zukunft besonders achten.

Körperliche Kommunikation

Kühe können mit der Bewegung ihrer Köpfe eine ganze Reihe von Dingen zum Ausdruck bringen. Diese Bewegungen spielen eine grundlegende Rolle bei der Begrüßung eines Menschen oder eines anderen Tieres, wenn sie etwa den Kopf vorrecken, die Schnauze vorstrecken und, wie ich vermute, ihren Geruchssinn benutzen. Ich bin nicht sicher, welche Rolle Gerüche im täglichen Leben einer Kuh spielen. Ganz sicher gefällt es ihnen gar nicht, wenn jemand ein kräftiges Parfüm trägt. Aber das, was man mir als Kind erklärt hat, nämlich dass Kühe farbenblind sind und einander nur am Geruch erkennen, das ist, wie ich mit großer Überzeugung sagen kann, falsch.

Wenn ein Kalb einschläft und seine Mutter wandert grasend auf die andere Seite der Weide, wird früher oder später einer von beiden nach dem anderen verlangen. Wenn die Mutter es als Erste tut, lässt sie den Blick über die Umgebung gleiten, sieht verschiedene Gruppen und geht immer auf die Kälber zu, die wie ihr eigenes Kind gefärbt sind. Auch wenn sie sich am Ende womöglich vom Geruch oder anderen Dingen leiten lässt. In gleicher Weise läuft das Kalb auf Kühe von der Farbe seiner Mutter zu.

Ein liebevolles Lecken, gepaart mit direktem Blickkontakt, ist oft Teil der Begrüßung. Eine Kuh wie Gemima begrüßt alle Menschen mit einem verärgerten Schütteln des Kopfes, und wenn ihr jemand zu nahe kommt, wird er angestoßen. Das ist eine Warnung, der niemals ein Angriff folgt, wobei solche Warnungen, wenn sie ignoriert werden, nachdrücklicher werden können.

Alle Mitglieder der Herde benutzen ihre Köpfe, um ein neues Kalb zu begrüßen, zu erkennen und in die Herde aufzunehmen. Ein einfacher, schneller Blick aus der Nähe zeigt an, dass der Neuankömmling ins Register aufgenommen wurde.

Mit dem Kopf wird unerwünschte Aufmerksamkeit ausgedrückt, aber auch Liebe und Fürsorge. Gegenseitige Fellpflege ist eine wichtige Aktivität, und es ist faszinierend zu beobachten, wie verschiedene Kühe andere Herdenmitglieder darum bitten.

Anmerkungen zur Fellpflege

Die Fellpflege ist eine große Sache. Im Moment gibt es nur eine Kuh auf der Farm, die sich nicht von uns bürsten lassen will (und das ist nicht Gemima): Alle anderen, selbst die knurrigen, wissen es zu schätzen. Unsere Tiere halten sich sehr sauber, und wenn ihnen das nicht möglich ist, werden sie schwermütig.

Als July Bonnet kürzlich kalbte, es war ihr neuntes oder zehntes Kalb (ich kann es ohne das Geburtenbuch nicht genau sagen), zog sie sich eine Unterleibsentzündung zu und fühlte sich einige Tage ziemlich krank. Während dieser Zeit hatte sie nicht die Kraft, sich zu pflegen, und zu ihrer großen Befriedigung übernahm ich die Aufgabe. July ist eine sehr große Kuh, und mir wurde das Ausmaß meiner Unternehmung erst bewusst, als ich damit anfing. Aber ich konnte ja nicht einfach nach der Hälfte aufhören. Im Laufe einer Woche gewöhnten wir uns an unsere Pflegesitzung. Einmal hörte July dabei auf, ihr Heu zu fressen, und ich vernahm ein seltsames Geräusch: July schnarchte zufrieden. Sie hatte sich dem Genuss der Fellpflege so vollkommen hingegeben, dass sie eingeschlafen war.

Kühe lecken ihren Kälbern das Fell und manchmal, wenn der Nachwuchs etwas älter ist, erwidert er dies.

Aber sehr viel Lecken und Pflegen findet auch täglich zwischen Tieren statt, die keine offensichtliche Verbindung zueinander haben. Wenn eine Kuh einer anderen den Kopf hinhält, gebeugt und unterwürfig, erhält sie so gut wie sicher eine Pflegesitzung. (Eine warnende, aggressive Kopfhaltung, in fast der gleichen Position, gebeugt, aber mit angespannten Muskeln, ist für einen oberflächlichen Betrachter kaum von dieser Bitte um Pflege zu unterscheiden.) Alle Tiere wissen, auch ohne sich umzudrehen, ob, wer sich ihnen von hinten nähert, es freundlich meint oder nicht. Ich finde, das ist nicht weiter überraschend, wussten wir doch alle früher auf dem Schulhof stets, ob Freunde oder Feinde in der Nähe waren.

Eine Bürste dabeizuhaben und immer zu ein wenig Fellpflege bereit zu sein, kann große Vorzüge haben. Abgesehen vom beruhigenden Effekt, den die Fellpflege auf ein verstörtes Tier hat, kann sie in bestimmten Situation nützlich sein. Etwa, wenn ein scharfes Objekt in einen Fuß eingedrungen ist und der Weg nach Hause lang und schmerzhaft wäre: Die Überraschung und das sich anschließende Wohlgefühl durch das Bürsten vermögen oftmals die Kuh ausreichend zu entspannen, um den Stein oder Splitter vor Ort entfernen zu können.

Sosehr sich manche Kinder wie Dizzy II um ihre Mütter kümmern, sind andere doch ausgesprochen ichbezogen. Seit etwa einem Monat beobachte ich jetzt täglich das gleiche kleine Fellpflege-Theater, das sich vor unserem Küchenfenster abspielt. Laura und ihr Sohn kommen aus ihrem Nachtquartier, sobald das Wetter sie herauslockt, und jedes Mal bleiben sie etwa eine halbe Stunde in meinem Blickfeld stehen, während der die Mutter ihrem Sohn sorgfältig das Fell leckt. Wenn sie fertig ist, bittet sie ihn, sich bei ihr in gleicher Weise zu revanchieren, und er versucht alles, um sich davor zu drücken, und das für gewöhnlich mit Erfolg.

Laura neigt den Kopf und stößt ihn sanft an, und man kann den Unglauben und die Langeweile in seinem Ausdruck erkennen. Er zieht sich ein paar Zentimeter zurück, sie reckt den Kopf in seine Richtung. Hin und wieder leckt er zweimal, hört jedoch gleich wieder auf. Sie versucht ihn auf jede erdenkliche Weise zu überreden, doch er bleibt stur. Nach einer Weile stößt sie ihn ein wenig fester gegen die Wamme. Er leckt noch einmal und erklärt dann, sie soll seine Reinigung noch einmal wiederholen. Erst will sie nicht, doch am Ende gibt sie nach. So geht es Tag für Tag.

Ein Wort über Milch

Kälber und Kühe sind so unterschiedlich wie Menschen. Sie wachsen verschieden schnell, haben ihr eigenes Temperament, sind mal erfindungsreicher, mal gefühlsbetonter. Ein interessanter Faktor, der das Wachstum möglicherweise beeinflusst, ist der eindeutig unterschiedliche Geschmack der Milch von unterschiedlichen Kühen. Natürlich nicht der Geschmack an sich, aber der Qualitätsunterschied, der hinter ihm stehen könnte. Vielleicht gibt es da auch keine Zusammenhänge, interessant ist es allemal.

Da wir weitgehend Selbstversorger sind, nehmen wir den Geschmack der Milch vermutlich bewusster wahr, als es die Kälber tun. Sie bekommen immer die gleiche Milch, während wir die von verschiedenen Kühen trinken. Es ist allgemein bekannt, dass die Milch verschiedener Rassen ihre charakteristischen Eigenheiten hat, was Geschmack und Qualität angeht. Fressen sie etwas anderes, beeinflusst das ebenfalls den Geschmack ihrer Milch, aber es gibt auch einen klaren individuellen Unterschied. Wir haben festgestellt, dass Kühe im gleichen Alter und von derselben Rasse äußerst unterschiedlich schmeckende und im Fettgehalt sehr differierende Milch geben können. Auf den Milchkrügen bei uns im Haus stehen die Namen der Kühe, und wir haben alle unsere Vorlieben.

Kälberspiele

Die Unterschiede im Temperament der Kühe sind in den bisherigen Geschichten deutlich geworden, aber ich habe noch nichts über das Verhalten sehr junger Kälber gesagt. Mersey II, die lang erwartete Tochter von Mersey, der letzten Tochter von Meuse, einer von zwei fast identischen 1969 geborenen Zwillingen, war eine geborene Anführerin, wenn es um die Erfindung von Kälberspielen ging. Mr Mint, Dorothy und Seal wurden alle im Dezember 1994 geboren, und die kleine Mersey kam erst am 22. Februar 1995 mit ihnen zusammen. Die drei anderen hatten unablässig herumgespaßt und selbst an bitterkalten Tagen ihre Handstände, Sprünge und Hüpfereien vollführt und mit ihren langweiligen, grasenden Müttern gekämpft. Das alles fand auf der neu eingezäunten Wiese vor unserem Küchenfenster statt. Täglich nahmen wir uns vor, eine Videokamera zu kaufen. Mit der Zeit wurden die Kälber allerdings ruhiger und verbrachten am Ende mehr Zeit mit Grasen als mit ihren Spielen. Doch dann kam Mersey, und ihre winzige, mattgoldene Tochter hielt den Kopf in die Höhe gereckt, tänzelte dahin und beschloss, den anderen zu zeigen, was Schnelligkeit wirklich bedeutete. Ihre Beweglichkeit und ihre Begeisterung steckte alle um sie herum an und erfüllte Mr Mint, Dorothy und Seal mit frischem Leben. Ständig wurden neue Spiele erfunden.

Wenn Kälber älter werden und den Tag zum Fressen brauchen, entwickeln sie die Angewohnheit, in der Abenddämmerung zu spielen. Manchmal werden dabei auch die »Teenager« und in einigen Fällen sogar die »alten Damen« mitgerissen. Am Abend haben wir schon Kälber mit einem Fuchs Fangen spielen, Fasane jagen und Rennen organisieren sehen – mit Ausscheidungsläufen »Einmal-zu-deiner-Mutter-und-zurück« und Gewinner, der am Ende ein Ehrenrunde am Zaun entlang dreht. Über die Jahre hat es dabei mehrere Anführer gegeben: Lochinvar, Isadora, Carpet, Anne, Woolly Bully, Jack – und viele Mitläufer.

Neumond und Vollmond markieren die dahineilenden Monate, und Gold Belinda hat gerade Little Black Belinda das Leben geschenkt, doch bisher noch kein Wort mit ihr gesprochen. Wieder haben wir Menschen die Verantwortung und die Freude, ihr unsere Zuneigung zu schenken und das Fell zu pflegen, während ihre Mutter sie mit Milch versorgt. Little Belinda erschleicht sie sich von hinten, während die Mutter mit Fressen beschäftigt ist. Manchmal, wenn die Kleine uns mit den

Bürsten in der Hand kommen sieht, ist sie so aufgeregt, dass sie auf allen vieren auf und ab hüpft und vor lauter Begeisterung an uns vorbeitanzt, dann erst merkt, dass sie schon zu weit ist, und zurückkommt.

Hühner spielen ebenfalls, und darüber erzähle ich gleich etwas. Erst aber muss ich versuchen, über Amelia zu schreiben.

Amelia

Amelia war ein ungewöhnlich entzückendes Kalb, vertrauensvoller und verständiger, als wir es für möglich gehalten hätten, während ihre Mutter, um es vorsichtig auszudrücken, eher spröde war. Vom ersten Tag an tat Amelia alles langsam und, wie es schien, mit Bedacht. Während ihre Altersgenossen begierig dem nächsten Abenteuer entgegenliefen, sobald das Gatter geöffnet wurde, nahm Amelia sich Zeit und zog los, wenn ihr danach war, manchmal erst, wenn die anderen bereits außer Sichtweite waren. Und sie merkte sich alles, wie wir später herausfinden sollten.

Ich könnte tausend Seiten vollschreiben und jede Einzelheit aus Amelias Leben auflisten, ohne ein auch nur annähernd genaues Bild von ihr zu zeichnen. Sie musste mit den Herausforderungen des Lebens zurechtkommen, und nachdem sie ein totes Zwillingspaar auf die Welt gebracht hatte, trauerte sie intensiver, als wir es je bei einer Kuh erlebt hatten. Jeden Tag musste sie gemolken werden und entwickelte eine enge Freundschaft mit meinem Bruder, der alles tat, um sie zu trösten und abzulenken. Amelia ist ein sehr liebevolles Tier, und während ich ihr gegenüber meine Zuneigung nur bezeuge, wenn sie darum bittet, überschüttet Richard sie damit, ob sie mag oder nicht.

Nachdem Richard bei der Geburt von Nells schönem Hereford-Kalb hatte helfen müssen, ging er direkt zu ihrem Bullenkalb aus dem Vorjahr, um den Kleinen darüber hinwegzutrösten, dass er nicht länger im Mittelpunkt der Zuneigung seiner Mutter stand. Meine Mutter beobachtete, wie Amelia ihm dabei zusah, und als Richard mit Nelson fertig war, sagte sie ihm, dass Amelia offenbar eifersüchtig sei. Richard ging sofort zu ihr, doch kaum, dass er ihr näher kam, warf sie empört den Kopf in die Höhe, kehrte ihm den Rücken zu und marschierte davon. Richard folgt ihr, legte ihr die Arme um den Hals, drückte sie entschieden an sich und hielt ihr die Hand zur Versöhnung hin. Amelia zögerte kurz, leckte schließlich über seine Hand und sagte leicht beleidigt, dass ihm vergeben wurde.

Nach der Totgeburt der Zwillinge hatte Amelia so viel Milch, dass sie, wie schon gesagt, gemolken werden musste. Richard war zu der Zeit fast täglich unterwegs, und Amelia hatte nichts dagegen, dass ich sie in die Nähe des Hauses brachte, aber sobald wir auf die Anhöhe kamen und auf die Häuser hinuntersehen konnten, blieb sie stehen und bestand darauf zu warten, bis Richard zurückkam. Sie graste und schwatzte mit einer Freundin, hielt dabei aber nach seinem kleinen roten Auto Ausschau. Sobald er die Zufahrtsstraße herauffuhr, wanderte sie nach unten und wartete im Hof auf ihn. Nicht ein einziges Mal verwechselte sie sein rotes Auto mit einem anderen.

Amelia
Geduldige, liebevolle, wissende Amelia.
Stolz, stark, clever und weise,
Tüchtig, sicher, doch ohne Dünkel.
Mit endlos viel Zeit, deine Kinder und uns zu lieben,
Wenn wir es verdienen.
Großmütig und tapfer durch den Schmerz deines Verlustes,
So schnell dankbar und wieder glücklich.
Ein gerader Rücken, ein weites Maul, eine breite Stirn,
Wache Augen, starke Beine, alles am rechten Platz,
Entsprichst du genau dem Ideal.
Lässt dich lieben und liebst auch selbst,
Schließt Freundschaften, machst Witze, bist gekränkt,
Löst Probleme, ziehst alle Beachtung auf dich.

Erziehst deinen Nachwuchs, bist manchmal fast zu clever.
Weißt, dein Gegenüber einzuschätzen, Menschen zu unterscheiden,
Kannst Dummköpfe nicht ertragen.
Hältst durch, bist tapfer, bleibst dran oder
Gehst dich beschweren, wenn menschliches Einschreiten richtig ist.
Kein Hochmut, bist eine aus der Herde. Fügst dich ein.
Und doch ragst du heraus, für uns, eine Meile,
Und heißt uns in deiner Welt willkommen.

Hühner spielen gerne

Hühner spielen gerne. Tatsächlich tun sie nichts anderes, außer fressen, was sie ebenfalls nonstop zu tun scheinen. Sie genießen alles, singen lustige kleine Lieder und haben Spaß. Sobald sie morgens herausgelassen werden, gehen sie auf Abenteuersuche, picken sich voran, hin und her und rundherum auf dem ganzen Hof: durch alle Scheunen, über alle Strohballen, auf die Selbstbedienungs-Silage (an der sie sich natürlich selbst bedienen). Am späten Nachmittag dann kommen sie auf die Mauer vorm Küchenfenster, um die Sonne zu genießen, oder sie baden im Sand unter einem der Büsche. Regen mögen sie nicht allzu gerne.

Im Winter ist der Land Rover voll mit Heuballen, und die Hühner tun ihr Bestes, um mit an Bord zu kommen. Sie wissen aber genau, dass sie das nicht sollen. Also picken sie so unschuldig wie unauffällig um die Räder herum und warten darauf, dass wir ihnen den Rücken kehren. Eines von ihnen schafft es für gewöhnlich, hineinzuspringen und sich im Heu zu verstecken.

Einmal, als der Motor bereits lief und wir ihren Triumphgesang nicht hörten, kam eine Henne damit durch, und wir entdeckten sie erst, als wir das Heu Kilometer entfernt auf einer Weide ausluden. Sie purzelte mit einem Ballen aus dem Wagen, und der Wind stieß sie hierhin und dorthin. Die Kühe bildeten überrascht einen Kreis um sie, doch das machte ihr keine Angst. Ich hob sie hoch und setzte sie vorne ins Auto, wo sie sich auf den Beifahrersitz stellte und wie eine Königin auf einer offiziellen Spazierfahrt den Blick schweifen ließ. Ich machte mit Heuverteilen weiter und fand ein Ei.

Hühner lieben menschliche Gesellschaft, und unsere Hennen hassen es, wenn sie aus offenbar interessanten Gesprächen ausgeschlossen werden. Einmal hatten wir eine große Gruppe französischer Landwirtschaftsstudenten zu Besuch, und sie bildeten einen Kreis, um mehr über unsere Fruchtfolge zu erfahren. Die Hühner fühlten sich absichtlich ausgeschlossen und drängten sich in die Mitte des Gewühls. Sie reckten die Köpfe, um sich bemerkbar zu machen, und versuchten auf die einzige ihnen mögliche Art am Gespräch teilzunehmen: indem sie laut und vernehmlich sangen.

Hühner haben noch eine andere Seite

Eines Tages fand ich die alte Grey Hen auf der Erde, und sie war unfähig, sich zu bewegen. Der Fuchs hatte zwei ihrer Freundinnen gerissen und ihr Bein schwer verletzt. Sie wurde medizinisch versorgt und das Bein verbunden. Drei Tage lang aß sie nichts, so verlockend es auch sein mochte, sondern trank nur immer wieder etwas Wasser. Am vierten Morgen nahm sie ein Stück Brot zu sich, und von da an war alles vergessen, und sie fraß jede nur erdenkliche Köstlichkeit, die uns einfiel: Himbeeren mit Sahne, Butter, Käse, Weizen, Gerste, Milch, Brot mit Bratenfett (ihr Liebstes), gekochtes Rindfleisch, Rosinen und immer so weiter. Während der ersten vier Tage und, wie sich dann herausstellte, für ein ganzes weiteres Jahr zeigten unsere beiden anderen Hennen ein so aufrichtig liebevolles und selbstloses Verhalten Grey Hen gegenüber, dass wir nur staunen konnten.

Sie wurden zur ihren hingebungsvollen Leibwächterinnen. Wenn wir Grey Hen fütterten, traten sie beiseite

und schauten zu, bis sie gefressen hatte, was sie wollte, und fraßen erst dann selbst. Sie wanderten herum, scharrten und pickten und untersuchten alles, aber alle paar Minuten kam eine oder alle beide zurück zu Grey Hen geeilt, um zu sehen, ob mit ihr alles in Ordnung war. Sie ermunterten die ältere Henne, indem sie sanft mit ihren Schnäbeln an ihrem hinunterfuhren. Grey Hen hatte nichts dagegen, wenn sie ihren Spaß hatten, wurde aber ängstlich, wenn die zwei außer Sichtweite gerieten. Ihre beiden Freundinnen, gleichaltrige Schwestern und weit jünger als sie, die »Invalide«, waren vor Grey Hens traumatischer Erfahrung nicht sonderlich freundlich zu ihr gewesen. Grey Hen war eine wahre »grauen Eminenz«, und vielleicht hatte sie die beiden bis zu einem gewissen Maß bevormundet, aber kaum, dass sie nicht mehr für sich einstehen konnte, veränderten die Jüngeren ihr Verhalten ihr gegenüber vollkommen.

Während der ganzen Zeit, in der sie sich nicht umherbewegte, saß sie tagsüber in einem Nest aus Heu im Garten und bei Nacht in einem anderen in ihrem Stall. Sie lernte darum zu bitten, an einen bestimmten Platz im Garten getragen zu werden, indem sie den Hals in die Richtung verrenkte, in die ihre Freundinnen gelaufen waren. Dabei sah sie uns an und »sprach« mit einer ziemlich ungewöhnlichen, unmissverständlichen Stimme.

Der Tag, an dem wir ihr den Verband annahmen,

brachte einen ziemlichen Schock: Ihr Fuß hatte sich gelöst und fiel mir in die Hand. Grey Hen schien jedoch vor allem erleichtert. Der sterile Verband hatte dem Ende des Beines erlaubt, perfekt zu verheilen, und kaum, dass wir sie zurück in ihr Tagesbett setzten, lief sie los. Ich übertreibe vielleicht ein wenig: Sie humpelte los, aber offenbar äußerst glücklich, das tote Gewicht am Ende ihres Beines verloren zu haben. Sie benutzte die Flügel, um das Gleichgewicht zu halten, und lief, wohin sie wollte, wobei sie immer noch alle Stufen hinauf und über die Straße ins Bett getragen werden musste. Nach ein paar Wochen wurde der Stumpf dann ausreichend hart, dass sie sicher genug war, die Betonfahrbahn allein zu überqueren. Und manchmal war sie sogar schon drüber, bevor wir auch nur daran denken konnten, ihr zu helfen. Dann aber wieder blieb sie auf der weichen Wiese und »brauchte« jemanden von uns, um sie auf die andere Seite zu tragen. Sie wusste, wem sie trauen konnte.

Nach zahllosen Jahren mit Hühnern bot sich mit Grey Hen eine Gelegenheit, stärker in ihr tägliches Leben involviert zu werden. Von allen Tieren auf einem Hof sind Hühner für gewöhnlich – gewährt man ihnen ausreichend Freiheit und Zugang zu abwechslungsreichem Futter und viel reinem Wasser – die unabhängigsten Individuen und glücklich damit. Unsere drei hatten jedoch gelernt, uns zu »nutzen«, zu unserer Freude und ihrem Vorteil.

Die Sache war im Frühling passiert, und als Grey Hen wieder mobil war, konnte sie sich auf den Sommer freuen. Sie hasste es, etwas zu verpassen, doch wann immer es regnete, versteckte sie sich unter der Hängematte im Garten, und wenn es zu schlimm wurde, holten wir sie ins Haus. Ihre Freundinnen wussten, wo sie war, und ließen sich davon nicht stören, aber wenn es Schlafenszeit wurde, wollten sie einfach nicht ohne sie über die Straße ins Bett.

Grey Hen fand sich bald schon mit der Situation ab: Regen hieß eingesperrt sein. Ich denke, sie mochte die Wärme und Ruhe im Haus. Mittlerweile fraß und trank sie wieder wie ein Ackergaul, aber abgesehen vom lautstarken Weizenpicken aus einem Behälter machte sie keinerlei Geräusche, bis sie beschloss, dass es an der Zeit war, nach Hause zu gehen. Wenn einer von uns in der Nähe war, musste sie sich nur auf die Tür zubewegen, und ihr Wunsch war klar. War sie jedoch allein, benutzte sie alle möglichen Taktiken, um auf sich aufmerksam zu machen.

Zunächst versuchte sie es mit ihrer besonderen Stimme. (Das Singen hatte sie aufgegeben.) Einmal, als das nichts brachte, lief sie hinüber zur metallenen Schublade mit den Töpfen unterm Herd und klopfte lauter und lauter mit dem Schnabel dagegen, bis wir es hörten. Wir ließen sie nie wieder warten.

Grey Hen genoss alles. Auf dem Rasen fraß sie geradezu heißhungrig Gras, untersuchte das Rosenbeet, rupfte das Unkraut heraus oder döste zwischen den Pflanzen. Ihre Freundinnen scharrten in der Erde, und sie fraß, was dabei zum Vorschein kam. Und selbst wenn die beiden einmal vergaßen, an sie zu denken, machte sie mit Augen und Schnabel mehr als wett, was die anderen ihr sonst an Schnelligkeit voraushatten

Zwanzig Monate lang gedieh Grey Hen und genoss ihr Leben, doch dann kam der Tag, mit dem wir alle gerechnet hatten. Morgens nahm sie noch ein bescheidenes Frühstück zu sich, mittags schon zeigte sie keinen Appetit mehr. Sie schien aus dem Gleichgewicht und ließ den Kopf hängen. Sie starb umgeben von ihren beiden engen und zwei neueren Freundinnen, die wir einige Monate nach ihrer Verletzung gekauft hatten.

Die Frage, ob Hühner trauern können, war uns bis dahin nie in den Sinn gekommen. Die Antwort lautet: Ja. Wir hatten uns gefragt, ob Grey Hens Leibwächterinnen ihre alte Freundin vermissen würden, und stellten in den nachfolgenden Tagen und Wochen fest, dass alle vier, auch die beiden neuen Freundinnen, von ihrem Tod betroffen waren.

Sie hatten gemeinsam einen schönen Sommer durchlebt, aber jetzt erkannten wir, wie sehr sie sich eingeschränkt hatten, um Grey Hen nicht zu überfordern. Sie waren praktisch zu Stubenhockern geworden.

Die ersten paar Tage nach ihrem Tod kamen die Hennen abends in Grey Hens Ecke im Stall zusammen, und nach einer Woche veranstalteten sie eine Art Frühjahrsputz. Zu unserer Überraschung stellten wir fest, dass sie das Nest und den Sack darunter weggeschafft und die Ecke gesäubert und aufgeräumt hatten. Eine Weile lang verhielten sie sich eher kleinlaut, scheuten den Kontakt mit uns und fraßen auch deutlich weniger.

Aber nach und nach begannen sie, ihr altes, aktives Leben wiederaufzunehmen, und wurden von Tag zu Tag abenteuerlustiger. Wir fanden sie an den ungewohntesten Orten: unten beim Teich, im Hof bei den Kühen, hinter den Schweineställen. Jeden Tag zigeunerten sie ein Stück weiter herum, obwohl wir angenommen hatten, dass sie gerne innerhalb des Gartens blieben. Nach drei Wochen fingen sie wieder an Eier zu legen, nahmen ihre freundliche Beziehung zu uns erneut auf und wollten unbedingt bis spät aufbleiben. Sie schwatzten, fraßen und spielten wenigstens vier Stunden länger als zu der Zeit, da das alte Mädchen noch zu ihnen gehört hatte.

Noch einmal Amelia

Amelia ist ein wichtiges und bedeutendes Tier, das eine weitere Erwähnung verdient hat.

Sie war es, die sehr jung einen eingefahrenen alten Arbeiter dazu befähigte, die Gesellschaft von Kühen zu genießen – endlich, und zu seiner großen Freude.

Dem Mann war beigebracht worden, schroff mit Kühen umzugehen, sie anzutreiben und wissen zu lassen, wer das Sagen hatte. Tatsächlich hatte man ihm beigebracht, sich vor ihnen zu fürchten, natürlich ohne es sich anmerken zu lassen. Er kam mit zweiundsechzig zum ersten Mal zu uns, um bei einer bestimmten Arbeit zu helfen, fragte dann aber, ob wir nicht regelmäßig jemanden brauchen könnten. Er war ein fähiger Gärtner, und so wurden aus den ersten Teilzeittagen für beide Seiten zuträgliche Jahre.

Eines Tages, als eine Gruppe Kühe und Kälber (die Klasse von '89) aus der Scheune wanderte, um den Tag draußen zu verbringen, kam er, um auf eine gehetzte, nervöse und harsche Weise zu »helfen«. Ich sagte ihm, er könne Amelia ruhig selbst ihren Weg auf die Weide finden lassen, da sie es liebe, alles unterwegs zu untersuchen: Steine, Büsche, Kaninchen, Leute, Autos, Hühner, Blumen. Nur ganz langsam ließ sein Staunen nach, und als ich hinzufügte, dass er sie gerne auch einmal streicheln könne, tat er es nicht gleich, sondern ging später noch einmal zu ihr. Sie war damals erst zwei Monate alt, doch damit begann die Freundschaft der beiden, und über die nächsten Jahre lernte er alle Tiere der Herde schätzen und sah ihre Bekanntschaft als eine Bereicherung, so verschieden sie alle waren.

Um der Vollständigkeit willen muss ich noch eine Geschichte von Amelia erzählen.

An einem Wintertag, als sie elf Jahre alt war, fand ich sie allein mit sechzehn großen, runden Heuballen. Höchstwahrscheinlich hatte jemand das Tor aufgelassen, und sie war nicht gewaltsam in die Scheune eingedrungen, dennoch musste ich sie hinausbefördern, bevor sie die Ballen platt walzte (was jede Kuh mit großer Freude tut, wenn sie die Gelegenheit dazu bekommt). Vielleicht war sie nur deshalb so abgeneigt, wieder zu verschwinden, weil sie gerade erst hereingekommen war. Ihr Instinkt zu gehorchen, wenn sie freundlich um etwas gebeten wurde, verschwand für einen Augenblick, und ich konnte etwa eine Minute lang beobachten, dass sie sich in einem Dilemma befand. Ich bin mir ziemlich sicher, dass sie überlegte, ob sie das Hindernis zwischen sich und dem Glück, also mich, entfernen sollte, indem sie mich mit dem Kopf gegen die Wand drückte und so zu Sinnen brachte. Amelia ist eine sehr große, kräftige Kuh, und wir wichen beide keinen Schritt, sondern sahen einander an. Es gab keinen Fluchtweg, und ich hatte Angst. Ich knurrte sie an, sie solle gehorchen, und ich stelle mir gerne vor, dass ich sah, was sie dachte. Sie zog ihre Optionen in Betracht und entschied sich gegen ernste körperliche Verletzungen. Der zornige Ausdruck auf ihrem Gesicht löste sich, sie drehte sich um und verließ die Scheune. Ich versorgte sie sofort mit einem Armvoll des ersehnten Heus, und sie war wieder völlig die Alte.

Eine kurze Bemerkung zu Vögeln

Vögel sind glückliche, schlaue Wesen. Meiner Erfahrung nach lernen sie aus ihren Fehlern, wobei die meisten von ihnen keine zu machen scheinen. Vögel wissen immer schon lange vor allen anderen, besonders den Meteorologen, wie sich das Wetter entwickeln wird.

Wir können ihren Lernprozess beobachten – oder ist es ein Teil ihrer evolutionären Anpassung? Winters füllen wir kleine, runde Plastikbecher mit Brotkrumen und geschmolzenem Fett. Wenn die Masse abgekühlt und ausgehärtet ist, hängen wir sie an Bohnenstangen und verfolgen, was passiert.

Die Blaumeisen lernen innerhalb von Minuten, wie

sie sich an den Bechern bedienen können, indem sie sich kopfüber nach unten hängen lassen. Schon verbreitet sich die Kunde unter dem Rest der Meisenbevölkerung, und die Becher werden von Sumpfmeisen, Weidenmeisen, Tannenmeisen und Kohlmeisen besucht, die alle gleich herausfinden, wie sie an das Futter herankommen. Die Buchfinken dagegen sind erst mal ziemlich sauer. Sie schreien die Becher an und scheinen zu erwarten, dass sie sich ihnen zuwenden. Nach einer Weile beschließen sie, sich seitlich an den nächsten, günstigen Zwergmispel-Ast zu klammern, und wenn sie Glück haben, erwischen sie einen kleinen Schnabelvoll vom Gewünschten. Nach ein oder zwei Wochen haben sie die Idee, es wie Kolibris zu versuchen, und näher sich den Bechern mit ausgestrecktem Schnabel und verzweifelt schnell schlagenden Flügeln. Die Technik wird am Ende verfeinert, und die »neue« Spezies verfügt über eine beständige, ertragreiche Nahrungsquelle.

Dann kommt das Rotkehlchen, und die Becher machen ihm ernsthafte Schwierigkeiten. Wieder und wieder versucht das Rotkehlchen, sich lange genug an sie zu hängen, um etwas von ihrem Inhalt zu ergattern, bleibt aber glücklos. Wir verstreuen natürlich auch großzügige Mengen Futter auf der Erde, an dem sich das Rotkehlchen zusammen mit vielen anderen Vögeln bedient – ohne jedoch ganz bei der Sache zu sein. Nach wie vor grübelt es an dem Problem mit den Bechern herum, die wir im Prinzip nur aufgehängt haben, um sicherzugehen, dass wenigstens ein Teil des Futters vor den Elstern, Dohlen und Hähern sicher ist.

Am Ende gelang es einem Rotkehlchen, sich zu einem festen Ball direkt unter einem der Becher zusammenzuziehen und senkrecht in die Höhe zu katapultieren. So erwischte es ein Stückchen Futter und ließ es zu seinem nicht so cleveren Freund herunterfallen, der von unten zuguckte. Diese katapultartige Springerei ging mit Unterbrechungen ein paar Wochen so weiter und hörte dann wieder auf. Erst im Mai, als die Dohlen wie besessen ihre Jungen fütterten, lernte eines der Rotkehlchen, wie es die Bohnenstange hinaufklettern und die Becher ausplündern konnte. Etwa zur gleichen Zeit beschloss der Fuchs, sich am Wettstreit zu beteiligen, und entwendete die Becher gleich dutzendweise.

Selbstmedikation

Meine voreilige Bemerkung, Homöopathie verdiene ein eigenes Kapitel in unserem Landleben, ist etwas, das ich an dieser Stelle vertiefen möchte. Während wir in fast jeder Hinsicht offen zu bleiben versuchen und selten etwas nur schwarz oder weiß sehen, spielt die Homöopathie de facto keine große Rolle bei unserer Tierhaltung.

Sich nur an eine einzelne Methode zu halten, wenn es um die Behandlung kranker Tiere geht, ob wir nun von konventionellen modernen Medikamenten reden, homöopathischen Mitteln, Kräutern, Akupunktur oder einer der vielen anderen alternativen Therapien, ist nicht unser Weg. Wir versuchen Gesundheit und Wohlbefinden zu erhalten und zu pflegen, indem wir für die richtigen Lebensbedingungen und gutes Futter sorgen, und wenn etwas Unvorhersehbares geschieht, sind wir bereit, viele verschiedene Möglichkeiten zu nutzen. Ist es nötig, zögern wir nicht, den Tierarzt zu rufen und den Patienten zu geben, was immer er ihnen verschreibt, damit sie nicht leiden müssen.

Das interessante Thema der Selbstmedikation im Tierreich wurde bis vor Kurzem noch von vielen Wissenschaftlern mit großer Skepsis betrachtet, die einschlägigen Beobachtungen und Erfahrungen vor Ort machen es mittlerweile jedoch unmöglich abzustreiten, dass dieses eigentlich nicht überraschende Phänomen oft seine Wirkung tut. Weil sich unsere Tiere frei bewegen, können sie sich selbst mit einer Vielzahl Pflanzen helfen und tun es auch.

Zweifellos stecken Geschmacksvorlieben und Neugier hinter diesem und jenem Herumprobieren, doch ich bin mir sicher, wenn die Situation es verlangt, suchen unsere Tiere ganz gezielt nach Pflanzen, die ihnen helfen, sich von Krankheiten und Verletzungen zu erholen.

Ich habe bereits erwähnt, dass Kühe und Schafe manchmal große Mengen Weidenlaub und -triebe fressen, Brennnesseln, Disteln und Esche. Das Vieh freut sich ungemein, wann immer ein Baum umstürzt, gleich welcher Art. Unsere Hennen fressen die Blätter vom Fingerhut und der Großen Klette, dann wieder rühren sie beides über lange Zeit nicht an. Kräutertee aus *Euphrasia officinalis*, dem Gemeinen Augentrost, hat mein eigenes Hören merklich verbessert, aber bis es so weit war, sind fast drei Wochen vergangen. Es war das Warten wert, und so verlockend es sein mag, sich für die umgehende »Heilung« der Reduzierung eines Leidens zu entscheiden, die moderne Mittel anbieten, hoffe ich, dass sich dieser langsame Dem-Körper-helfen-dass-er-sich-selbst-hilft-Ansatz als dauerhaft wirksam erweist.

Mein Bruder Richard schrieb in *Country Life*: »Jeder unvoreingenommene Arzt wird den Fehler der modernen Tiermedizin sehen, die kein Auge für die umweltbedingten Gründe von Krankheiten hat. Oft geht es dabei um die Tierhaltungssysteme und den finanziellen Druck, der sie fortleben lässt. Tierärzte wissen, dass es wenig Sinn macht, einem kränkelnden Tier frische Luft und Bewegung zu verschreiben, wenn es in einer Intensivtierhaltung eingesperrt ist. Was die Homöopathie dennoch für die meisten schwer akzeptierbar macht, ist der Grundgedanke, dass Heilmittel mit größerer Verdünnung wirksamer werden.«

Sein Artikel ist aus der Sicht eines Homöopathie-Skeptikers geschrieben, und da wir unsere Farm gemeinsam betreiben, müssen wir immer eine Art gemeinsamer Basis finden, bevor wir uns mit neuen Ideen beschäftigen. So lernen wir nach und nach dazu und haben einige überraschende Genesungen erlebt, aber auch eindeutiges Versagen.

Wir sind jedoch überzeugt von den differenzierteren Ebenen der homöopathischen Diagnose. Zum Beispiel kann einer gutartigen, gefühlvollen Kuh für die gleiche Krankheit etwas ganz anderes verschrieben werden als einer übellaunigen, aggressiven. Das zeigt sehr klar, dass die Homöopathie Tiere als Individuen anerkennt und behandelt. Es bereitet uns Sorge, wie oft Massen-Medikationen bei uns Menschen und bei den Tieren angewandt werden. Impfungen sind weit verbreitet, und niemand scheint individuellen Empfindlichkeiten, dem Zustand des jeweiligen Immunsystems oder natürlichen Abwehrmechanismen Beachtung zu schenken.

Beruhigender ist dagegen auch der Ansatz von Kräuterheilkunde und anderen alternativen Therapien, mit denen ich jedoch nicht so oft in Berührung komme. Der

Missbrauch moderner Medikamente, ob aus Unwissen oder mit voller Absicht, hat alarmierende Folgen, und es ist absolut sicher, dass die Intensiv- und Massentierhaltung die armen Kreaturen, denen in diesem System nichts Lebenswertes zugestanden wird, nur mit einem ganzen Arsenal an Medikamenten am Leben halten kann.

Die Tiere auf unserem Hof weichen von ihren gewohnten Wegen ab, um zu finden, was sie ihrem Gefühl nach brauchen, und damit meine ich, dass sie der Herde tatsächlich den Rücken kehren, um das Gesuchte zu finden. Sie können an einer völlig adäquaten Tränke vorbeikommen, gehen aber weiter zu einer weniger leicht erreichbaren Quelle, die vielleicht einen besonderen Mineralgehalt oder einfach eine andere Temperatur hat.

Lässt man ihnen die Wahl, sind alle Nutztiere heikel, was ihr Trinkwasser angeht. Manche Kühe mögen es so sauber wie nur möglich und halten das Maul hoch in einen Wasserfall oder zu einem Rohr, andere trinken mit Absicht »den grünen Mantel des stehenden Pfuhls«, wie es der arme Tom in *König Lear* tut. Manchmal trinken sie zwölf Stunden lang nichts, bis sie die Gelegenheit haben, ihre Lieblingsquelle zu erreichen.

Wir haben das Glück, einen Bach mit einem sehr hohen Kalziumgehalt zu haben. Er ist so hoch, dass Zweige oder Eicheln, die in ihn hineinfallen, am Ende dick damit bedeckt und nicht wiederzuerkennen sind, sondern seltsame, knochenartige Objekte zu sein scheinen. Dazu gibt es Regenteiche, Tümpel und einen See, so dass selbst für das wählerischste Tier etwas dabei ist.

Viele Jahre lang haben wir es unseren Besuchern ausdrücklich angeboten, unsere Milch und unser Wasser zu probieren, mit einigen überraschenden Reaktionen. Eine nicht geringe Zahl von ihnen erklärte, an einer Laktoseallergie zu leiden. Aber nach einer kurzen Beschreibung, wie unsere Milch produziert wurde, wollten dann doch fast alle einen Schluck kosten, und von denen, die es nicht taten, fragten etliche, ob sie etwas Milch mit nach Hause nehmen könnten, um sie dort zu probieren. So entstand ein ganzes Netzwerk von Leuten, die unsere Milch trinken können, auf gekaufte Milch jedoch allergisch reagieren. Nach all unseren Beobachtungen scheint es wahrscheinlich, dass Allergien nicht von bestimmten Lebensmitteln hervorgerufen werden, sondern durch die Art ihrer Produktion und die Behandlung, die die Pflanzen und Tiere, von denen sie stammen, erfahren haben.

Es lässt sich nicht leugnen: Angemessen, artgerecht produzierte Lebensmittel sind das A und O für die Gesundheit. Thomas Sydenham, der »englische Hippokrates«, schrieb im 17. Jahrhundert: »Ich praktiziere die Medizin lieber mit reiner Luft, reinem Wasser und gutem Essen als mit allen Arzneien aus der Pharmakopöe.«

Und *Mrs Beetons Buch der Haushaltsführung* von 1861 konstatiert: »Durch ein wenig Umsicht bei der Essensauswahl kann die Hausfrau Ausgaben in der Krankenpflege und viel Geld für Arztrechnungen sparen.« Und in jüngerer Zeit schrieb Cindy Engel in *Wild Health*, dass die menschliche Gesundheit direkt davon abhängt, wie gesund unser Essen ist: »Wir riskieren, für billiges Essen mit unserer Gesundheit zu zahlen.«

Aber irgendwann haben wir dieses Wissen verloren oder ignorieren es einfach. Tiere zu füttern, ist eigentlich einfach oder sollte es sein: Kleine Amseln brauchen Würmer, Löwen Fleisch. Schafe und Kühe fressen Gras. Ein unerträglicher Kostendruck treibt Bauern jedoch dazu, das Billigste vom Billigsten auf den internationalen Märkten zu suchen, und damit oft auch das am wenigsten angemessene Futter für ihre Tiere. Wer ein Auto mit einem unangemessenen, falschen Treibstoff betankt, reduziert seine Leistung oder ruiniert es. Dass Menschen oder Tiere falsch ernährt werden, macht sich anscheinend nicht so schnell bemerkbar, die Folgen sind aber umso fataler und dauerhaft.

Mehr als zwei Drittel der landwirtschaftlich genutzten Fläche im Vereinigten Königreich sind Weideland. Der Großteil davon taugt nicht zum Anbau von Feldfrüchten und Getreide. Rinder oder Schafe darauf zu halten ist die einzige Möglichkeit, es für unsere Ernährung zu nutzen. Wir können kein Gras essen, aber Schafe und Rinder sind dafür gemacht. Im Moment werden riesige Gebiete Ackerland für den Anbau von Futterpflanzen für die Tiere genutzt, die am wenigsten nachhaltige Möglichkeit. Grasland speichert Kohlendioxid, pflügt man den Boden um, wird es in die Atmosphäre entlassen.

Rinder und Schafe stehen wegen ihres Methanausstoßes in der Kritik. Ich bin keine Expertin, doch mir fällt auf, dass niemand davon spricht, dass, wenn Grasland in Ackerland umgewandelt wird, die Hecken immer kleiner werden und verschwinden, was oft zum Verlust auch der großen Bäume in den Hecken führt. Die Rolle von Hecken und Bäumen im Naturschutz ist bekannt, sie sind auch für die Kohlendioxidspeicherung von großer Bedeutung, was zumindest zum Teil den Methanausstoß ausgleicht.

Konsumenten, die sich für organisches, zu hundert Prozent grasgefüttertes Weidefleisch entscheiden, sorgen mit dafür, dass die Tiere auf eine bessere, artgerechte Weise aufgezogen werden, was nicht nur den Tieren, sondern auch der eigenen Gesundheit dient. Solches Fleisch ist oft teurer, aber wenn man eine echte Kosten-Nutzen-Rechnung machen würde, käme es uns billiger, nicht teurer, und unser Weideland würde geschützt.

Mein Bruder Richard arbeitet für den Sustainable Food Trust, der das Bewusstsein für die vielen verborgenen Kosten erhöhen will, die wir alle durch die Art, wie unsere Lebensmittel hergestellt werden, zahlen. Eine nachhaltigere Herstellung und striktere Tierschutzregeln werden erst dann populär, wenn die tatsächlich mit der modernen, industriellen Produktion verbundenen Kosten von der Gesellschaft und ihren Regierungen verstanden und erkannt werden.

Dorothy und ihre Tochter Little Dorothy

Als allgemeine Regel galt immer, ein weibliches Rind würde erst ab einem Alter von vierundzwanzig Monaten kalben. Als Little Dorothy ihr erstes Kalb bekam, war sie fünfzehn Monate und wurde noch von der eigenen Mutter gesäugt.

Lange bevor wir begriffen, dass sie trächtig war, hatte Little Dorothy entschieden, dass sie mehr Futter brauchte, und wir fanden sie an allen möglichen unerwarteten Orten beim Heufressen. Sie war klein und hübsch, und dann verbrachte sie eine Nacht ganz allein und sehr gemütlich unter einem Anhänger mit Heu darauf und darunter. Der Anhänger stand an der Straße, die durch unsere Farm führt, und alle anderen Tiere waren auf den Weiden oder in die Scheunen gesperrt.

Obwohl wir uns freuten, dass sie ihre Nacht unter

dem Anhänger offenbar sehr genossen hatte, war es schwer nachzuvollziehen, wie Little Dorothy ihren Weg dorthin hatte finden können, und wir machten uns gegenseitig Vorwürfe, ein Gatter offen gelassen und nicht genug aufgepasst zu haben. Wir sorgten dafür, dass sie tagsüber viel Zeit für sich hatte und mit ausreichend Heu versorgt war, und bevor wir am nächsten Abend zu Bett gingen, versicherten wir uns, dass alle Tore und Gatter fest verschlossen waren. Morgens fanden wir Little Dorothy dennoch unter dem Anhänger wieder.

Es dauerte vierzehn Tage, bis ich sie endlich aus der Umzäunung ausbrechen sah.

Das Haupttor von der Wiese mit Dorothys Familie hinaus auf die Straße wurde mit einer Seilschlaufe über den abschließenden Zaunpfosten geschlossen. Es schien ein guter Verschluss, mit dem sich das Tor sicher geöffnet oder eben geschlossen halten ließ, je nach Wunsch.

Entweder hatte Little Dorothy zugesehen, wie wir das Tor auf- und zumachten, oder sie war selbst dahintergekommen. Mit der Nase schob und stieß sie die Schlaufe geduldig hoch und über die Spitze des Pfostens und vermochte so aus der Umzäunung zu entkommen. Das Tor schwang hinter ihr wieder zu, weshalb ihr keine anderen Tiere folgten und am Morgen zunächst alles in Ordnung schien.

Das war ein viel zu tolles Spielchen, um es aufzugeben, und wie wir später feststellten, schaffte Little Dorothy es zwischendurch auch wieder hinein zu ihrer Mutter, um anschließend zum Anhänger zurückzukehren.

Im Mai 2002 brachte Little Dorothy ein winziges schwarzes Kuhkalb auf die Welt. Wir hatten uns seit Tagen voller Sorge gefragt, ob sie nicht vielleicht zu klein war, um zu kalben, und ein Kaiserschnitt nötig sein würde. Tatsächlich ging alles problemlos, und sie brauchte nur sehr wenig Hilfe.

Die nächsten Wochen über gab es für uns alle einiges zu bestaunen.

Old Dorothy war bei der Geburt dabei gewesen, genau wie Little Dorothy miterlebt hatte, wie ihre Mutter ein paar Tage zuvor Luke auf die Welt gebracht hatte. Old Dorothy gab ihr klar erkennbar praktische Ratschläge und erwies sich als die wunderbarste Großmutter, die man sich vorstellen kann.

Nach den ersten drei, vier Tagen hatte Little Dorothy nicht genügend Milch, um den Appetit ihrer schnell wachsenden Tochter zu stillen, und so gaben wir ihr die Flasche mit zusätzlicher Milch von einer anderen Kuh, die mehr als reichlich hatte.

Die Weiden waren voll mit saftigem Gras, und beide Dorothys fraßen den ganzen Tag wie Raupen, aber wir mussten den Neuankömmling regelmäßig auf den Hof bringen, um ihr die angewärmte, in Flaschen gefüllte Milch der anderen Kuh zu geben. Das winzige Kalb begriff den Zusammenhang sofort, aber seine Mutter, die nach menschlichen Maßstäben immer noch ein Teenager war, fand es unglaublich langweilig, den ganzen Weg hinter sich zu bringen, wo sie doch viel lieber draußen auf der Weide geblieben wäre und zusammen mit ihren Freunden Gras gefressen hätte.

Am Anfang weigerte sich Little Dorothy, ohne ihre Mutter mitzukommen, also machten sich auch Old Dorothy und Luke mit auf den Weg. An die Möglichkeit, das »Baby« ohne seine Mutter auf den Hof zu holen, dachten wir nicht. Allerdings wurde bald offensichtlich, dass Very Little Dorothy (noch nicht offiziell benannt) nichts dagegen hatte, allein mit ihrer Großmutter zu gehen. So behielt Little Dorothy ihren alten Lebensstil bei, und obwohl sie ihr Kälbchen liebte, vergaß sie es doch auch oft und überließ es für immer längere Zeiten seiner Großmutter.

Noch bevor Very Little Dorothy drei Wochen alt war, erwies sie sich als für ihr Alter außergewöhnlich weise. Sie wusste, warum sie auf den Hof kam, und tat es bald schon ohne jedes Problem auch alleine. Wie ein Knirps, den man mit einer Tasche und einem Zettel, den er über die Theke des kleinen Eckladens reichen muss, zum Einkaufen schickt. Very Little Dorothy schlief nachts am liebsten bei den älteren Kühen im Pferch, fraß wie die Großen Heu aus dem Gestell und lief morgens ihre Mutter suchen, um sich ihr Frühstück zu holen.

Nach und nach übernahm Little Dorothy dann doch mehr Verantwortung für ihre Tochter, produzierte mehr Milch und verbrachte mehr Zeit mit ihr, bis die Kleine unsere Flasche höflich, aber bestimmt ablehnte.

Im folgenden Winter, im Dezember 2002, als die ganze Herde jeden Tag mit Heu gefüttert wurde, gedieh die junge Mutter mit ihrem Kind in einem besonderen Pferch. Wir hatten einen Bereich mit einem besonders niedrigen Zugang geschaffen, einer Art Limbostange, unter der nur die beiden jüngeren Dorothys durchzukommen wussten. Es wurde ihr eigener, geheimer Ort, wo sie alle Zeit, die sie brauchten, in trauter, glücklicher Zweisamkeit zusammen verbrachten, um anschließend zu den anderen zurückzukehren.

Zwanzig Dinge, die man über Kühe wissen sollte

1. Kühe lieben einander … zumindest einige.
2. Kühe passen gegenseitig auf ihre Kinder auf.
3. Kühe hegen Groll.
4. Kühe erfinden Spiele.
5. Kühe ärgern sich.
6. Kühe können mit Menschen kommunizieren.
7. Kühe können Probleme lösen.
8. Kühe haben lebenslange Freunde.
9. Kühe haben ihre Lieblingsspeisen.
10. Kühe können unberechenbar sein.
11. Kühe können unterhaltsam sein.
12. Kühe können langweilig sein.
13. Kühe können intelligent sein.
14. Kühe lieben Musik.
15. Kühe können sanft sein.
16. Kühe können aggressiv sein.
17. Kühe können verlässlich sein.
18. Kühe können versöhnlich sein.
19. Kühe können bockig sein.
20. Kühe können weise sein.

Zwanzig Dinge, die man über Hühner wissen sollte

1. Hühner singen, wenn sie glücklich sind, und hören gerne Musik.
2. Hühner zerkleinern Futter für ihre Küken.
3. Hühner »glucken« fortwährend, um ihre Küken zu beruhigen.
4. Hühner strecken sich, flattern, fliegen, rennen, paddeln und nehmen Sonnenbäder.
5. Hühner sind pingelig und putzen sich ständig das Gefieder.
6. Hühner baden im Sand, es ist Teil ihrer Säuberungstechnik.
7. Hühner sind neugierig.
8. Hühner sind verspielt und wissen sich zu amüsieren, ganz gleich, bei welchem Wetter.
9. Hühner sind gesellig und haben viele verschiedene »Sprech«-Stimmen.
10. Hühner leiden sehr, wenn sie Angst haben oder verschreckt werden.
11. Hühner sprechen auf Güte und Aufmerksamkeit an.
12. Hühner essen sehr verschiedene Dinge …

13. …und sie lieben reines, klares Wasser.
14. …und (vorzugsweise) reifes Obst.
15. …und Fleisch, roh oder gekocht.
16. …und einige mögen Kohl.
17. …und alle Weizen und Gerste, frisch oder ausgekeimt.
18. Hühner brauchen Sand in ihrem Futter.
19. Hühner schließen Freundschaften…
20. …und weisen manchmal Neuankömmlinge zurück.

Zwanzig Dinge, die man über Schafe wissen sollte

1. Schafe können sehr umgänglich und erstaunlich mitfühlend sein.
2. Schafe können hochintelligent sein.
3. Schafe können sehr dumm sein.
4. Schafe rennen immer bergauf, wenn sie Gefahr spüren.
5. Schafe sind im Allgemeinen sanft und nicht aggressiv.
6. Die meisten Schafe haben lange, wollige Schwänze, um sich warm zu halten.
7. Schafe können allein von Gras leben, mögen aber auch andere Dinge wie …
8. … Laub und Äpfel.
9. Die dicke Wolle eines Schafes schützt vor Hitze und Kälte.
10. Schafe vertragen sehr kaltes Wetter besser als Kühe, Schweine oder Hennen.
11. Einige Schafe können sich gut konzentrieren und fernsehen.
12. Einige Schafe sind zerstreut und können Unfälle verursachen.

13. Schafe scheinen lieber aus fließenden als aus stehenden Gewässern zu trinken.
14. Schafe haben ein sehr gutes Gedächtnis.
15. Schafe spielen fast ununterbrochen, wenn sie jung sind …
16. … und wenn sie alt sind, tun sie manchmal so, als würden sie kämpfen.
17. Schafe haben verschiedene Arten zu »sprechen«.
18. Schafe liebe frische Luft und Wind.
19. Schafe können eingebildet sein.
20. Schafe können wunderbar liebevoll sein … und natürlich lassen sie sich nichts vormachen.

Zwanzig Dinge, die man über Schweine wissen sollte

1. Schweine nehmen das Leben leicht, mögen es bequem und schlafen viel.
2. Schweine lassen sich gern bedienen.
3. Schweine bauen vorm Ferkeln gerne Nester.
4. Schweine bedecken sich mit nasser Erde …
5. … lassen sie trocknen und von sich abfallen, was sie säubert.
6. Schweine sind sehr heikel, was ihre persönliche Hygiene betrifft …
7. … halten ihre Unterkunft immer sauber …
8. … und sind das einzige Haustier, das sich draußen ein Klo baut.
9. Schweine machen jeden Tag ihr Bett.
10. Die Mütter machen ihren Ferkeln das Bett.
11. Schweine brauchen sauberes Trinkwasser und reichlich Wasser, um sich zu waschen.
12. Schweineschwänze sind geringelt, wenn die Schweine glücklich sind …
13. … und gerade, wenn nicht.
14. Schweine hassen Trockenheit.
15. Schweine können einen Sonnenbrand bekommen.

16. Schweine sind sehr stark.
17. Schweine sind normalerweise sanft und sehr gute Freunde, aber …
18. … Schweine können auch gefährlich werden, wenn man sie bedroht oder wenn sie Hunger haben.
19. Schweine brauchen vielseitiges, interessantes Futter.
20. Schweine suchen sich immer das beste Bio-Futter aus, wenn ihnen die Möglichkeit dafür gegeben wird.

Literatur

Anderson, Luke, Genetic Engineering, Food and Our Environment. Green Books, 1999

Balfour, Lady Eve, The Living Soil. Universe Books, 1943

Carson, Rachel, Der stumme Frühling. C.H Beck, 2017

Cato, Vom Landbau. De Gruyter, 2011

Cicero, Über das Alter. Reclam 2008

Engel, Cindy, Wild Health. Weidenfeld and Nicolson, 2002.

HRH The Prince of Wales und Charles Clover, Highgrove: Portrait of an Estate. Chapmans, 1993

Harvey, Graham, The Killing of the Countryside. Jonathan Cape, 1997

Harvey, Graham, The Forgiveness of Nature: The Story of Grass. Jonathan Cape, 2001

Lampkin, Nicolas, Organic Farming. Farming Press, 1990

Mansfield, Peter und Jean Munro, Chemical Children. Century Hutchinson, 1987

Schlosser, Eric, Fast Food Gesellschaft: fette Gewinne, faules System. Riemann, 2003

Wynne-Tyson, Jon, The Extended Circle. Cardinal, 1990

Young, Rosamund, »Britain's Largest Nature Reserve?«. Soil Association, 1991

www.sustainablefoodtrust.org

www.pastureforlife.org

ROSAMUND YOUNG bewirtschaftet gemeinsam mit ihrem Bruder Richard und ihrem Lebensgefährten die Farm Kite's Nest in den Cotswolds, dem grünen Herzen Englands. Der Hof ist seit 1980 im Besitz der Youngs, die zu den Pionieren der ökologischen Landwirtschaft in Großbritannien zählen.

Young ist überzeugt: Kühe sprechen miteinander, geben ihre Weisheit weiter, kümmern sich um den Nachwuchs, spielen Verstecken, sind beleidigt, verärgert, traurig oder aufgekratzt. Mit ihrem ebenso warmherzigen wie charmanten Plädoyer für einen Umgang mit den Tieren auf Augenhöhe war Young ihrer Zeit voraus: Ursprünglich in einem kleinen Fachverlag erschienen, wurde es nach mehr als 20 Jahren wiederentdeckt und zum internationalen Erfolgstitel, der in über 25 Ländern erscheint.

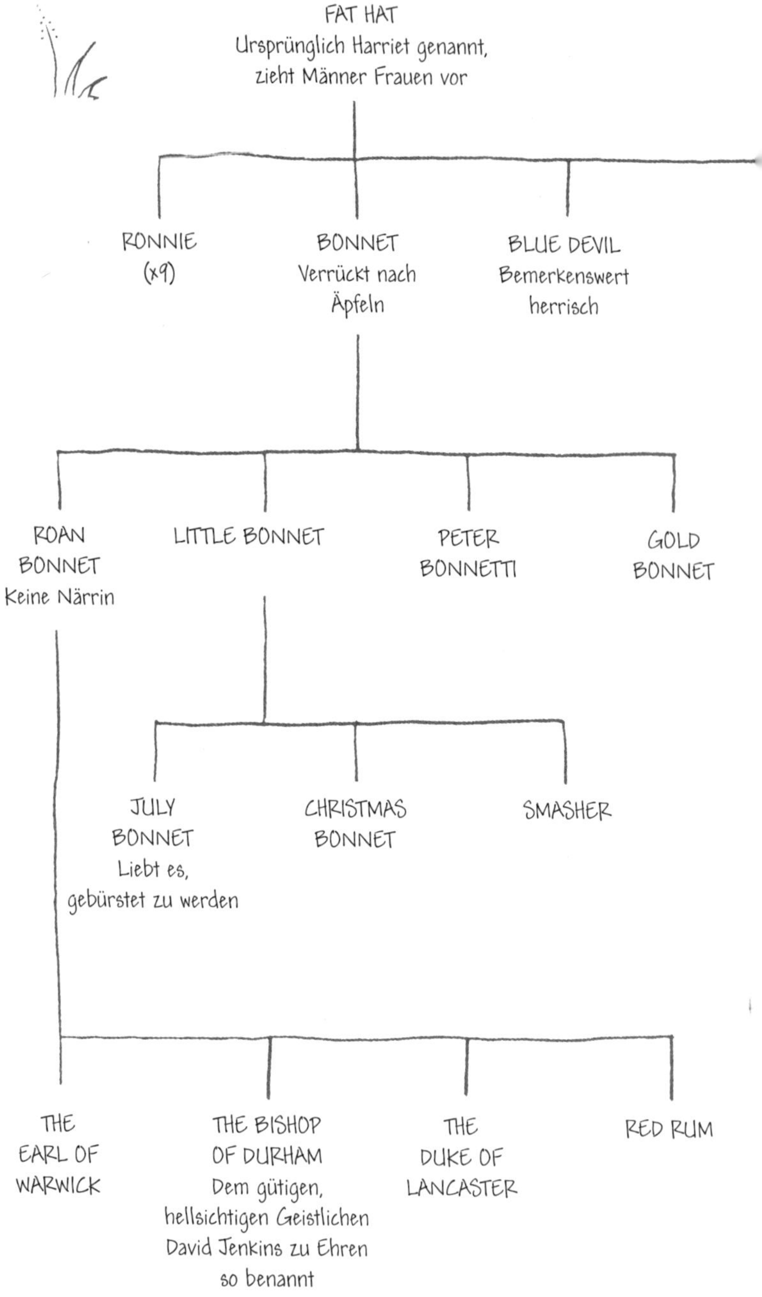
FAT HAT
Ursprünglich Harriet genannt, zieht Männer Frauen vor
RONNIE
(x9)
BONNET
Verrückt nach Äpfeln
BLUE DEVIL
Bemerkenswert herrisch
ROAN BONNET
Keine Närrin
LITTLE BONNET
PETER BONNETTI
GOLD BONNET
JULY BONNET
Liebt es, gebürstet zu werden
CHRISTMAS BONNET
SMASHER
THE EARL OF WARWICK
THE BISHOP OF DURHAM
Dem gütigen, hellsichtigen Geistlichen David Jenkins zu Ehren so benannt
THE DUKE OF LANCASTER
RED RUM